应用型系列教材

大学物理实验自主学习指南

主　编　罗家忠　姚建刚

副主编　唐田田　王　丽　张　敏

U0255311

电子工业出版社·
Publishing House of Electronics Industry
北京·BEIJING

内 容 简 介

本书依据教育部非物理类专业物理基础课程教学指导分委员会制定的《非物理类理工科大学物理实验课程教学基本要求》，结合多数应用型工科院校物理实验项目和实验设备具体情况，并在总结作者多年实验教学经验基础上编写而成。本书在内容组织上遵循由浅入深、循序渐进、方便自学的原则；在实验项目选取上注重基础性、应用性和拓展性的有机结合。全书共选取了 30 个实验项目，包括基础实验 18 个、综合性实验 12 个，其中 20 个实验项目还配置了实验操作导引电子资源。

本书可作为应用型工科院校物理实验课程教材，也可作为工程技术人员的参考书，或供学生自主学习使用。

图书在版编目（CIP）数据

大学物理实验自主学习指南 / 罗家忠，姚建刚主编. —北京：电子工业出版社，2017.2
ISBN 978-7-121-30875-8

Ⅰ. ①大…　Ⅱ. ①罗…　②姚…　Ⅲ. ①物理学—高等学校—自学参考资料　Ⅳ. ①O4

中国版本图书馆 CIP 数据核字（2017）第 020142 号

策划编辑：朱怀永
责任编辑：朱怀永
文字编辑：底　波
印　　刷：天津千鹤文化传播有限公司
装　　订：天津千鹤文化传播有限公司
出版发行：电子工业出版社
　　　　　北京市海淀区万寿路 173 信箱　邮编 100036
开　　本：787×1092　1/16　　印张：10.75　　字数：275.2 千字
版　　次：2017 年 2 月第 1 版
印　　次：2021 年 7 月第 5 次印刷
定　　价：27.80 元

凡所购买电子工业出版社图书有缺损问题，请向购买书店调换。若书店售缺，请与本社发行部联系，联系及邮购电话：（010）88254888，88258888。
质量投诉请发邮件至 zlts@phei.com.cn，盗版侵权举报请发邮件至 dbqq@phei.com.cn。
本书咨询联系方式：（010）88254608 或 zhy@phei.com.cn。

序
——加快应用型本科教材建设的思考

一、应用型高校转型呼唤应用型教材建设

"教学与生产脱节，很多教材内容严重滞后现实，所学难以致用。"这是我们在进行毕业生跟踪调查时经常听到的对高校教学现状提出的批评意见。由于这种脱节和滞后，造成很多毕业生及其就业单位不得不花费大量时间"补课"，既给刚踏上社会的学生无端增加了很大压力，又给就业单位白白增添了额外培训成本。难怪学生抱怨"专业不对口，学非所用"，企业讥讽"学生质量低，人才难寻"。

2010 年，我国《国家中长期教育改革和发展规划纲要（2010—2020 年）》指出：要加大教学投入，重点扩大应用型、复合型、技能型人才培养规模。2014 年，《国务院关于加快发展现代职业教育的决定》进一步指出：要引导一批普通本科高等学校向应用技术类型高等学校转型，重点举办本科职业教育，培养应用型、技术技能型人才。这表明国家已发现并着手解决高等教育供应侧结构不对称问题。

转型一批到底是多少？据国家教育部披露，计划将 600 多所地方本科高校向应用技术、职业教育类型转变。这意味着未来几年我国将有 50%以上的本科高校（2014 年全国本科高校 1202 所）面临应用型转型，更多地承担应用型人才，特别是生产、管理、服务一线急需的应用技术型人才的培养任务。应用型人才培养作为高等教育人才培养体系的重要组成部分，已经被提上我国党和国家重要的议事日程。

兵马未动、粮草先行。应用型高校转型要求加快应用型教材建设。教材是引导学生从未知进入已知的一条便捷途径。一部好的教材既是取得良好教学效果的关键因素，又是优质教育资源的重要组成部分。它在很大程度上决定着学生在某一领域发展起点的远近。在高等教育逐步从"精英"走向"大众"直至"普及"的过程中，加快教材建设，使之与人才培养目标、模式相适应，与市场需求和时代发展相适应，已成为广大应用型高校面临并亟待解决的新问题。

烟台南山学院作为大型民营企业南山集团投资兴办的民办高校，与生俱来就是一所应用型高校。2005 年升本以来，其依托大企业集团，坚定不移地实施学校地方性、应用型的办学定位；坚持立足胶东，着眼山东，面向全国；坚持以工为主，工管经文艺协调发展；坚持产教融合、校企合作，培养高素质应用型人才；初步形成了自己校企一体、实践育人

的应用型办学特色。为加快应用型教材建设，提高应用型人才培养质量，今年学校推出的包括"应用型系列教材"在内的"百部学术著作建设工程"，可以视为南山学院升本 10 年来教学改革经验的初步总结和科研成果的集中展示。

二、应用型本科教材研编原则

编写一本好教材比一般人想象的要难得多。它既要考虑知识体系的完整性，又要考虑知识体系如何编排和建构；既要有利于学生学，又要有利于教师教。教材编得好不好，首先取决于作者对教学对象、课程内容和教学过程是否有深刻的体验和理解，以及能否采用适合学生认知模式的教材表现方式。

应用型本科作为一种本科层次的人才培养类型，目前使用的教材大致有两种情况：一是借用传统本科教材。实践证明，这种借用很不适宜。因为传统本科教材内容相对较多，理论阐述繁杂，教材既深且厚。更突出的是其忽视实践应用，很多内容理论与实践脱节。这对于没有实践经验，以培养动手能力、实践能力、应用能力为重要目标的应用型本科生来说，无异于"张冠李戴"，严重背离了教学目标，降低了教学质量。二是延用高职教材。高职与应用型本科的人才培养方式接近，但毕竟人才培养层次不同，它们在专业培养目标、课程设置、学时安排、教学方式等方面均存在很大差别。高职教材虽然注重理论的实践应用，但"小才难以大用"，用低层次的高职教材支撑高层次的本科人才培养，实属"力不从心"，尽管它可能十分优秀。换句话说，应用型本科教材贵在"应用"二字。它既不能是传统本科教材加贴一个应用标签，也不能是高职教材的理论强化，其应有相对独立的知识体系和技术技能体系。

基于这种认识，我以为研编应用型本科教材应遵循三个原则：一是实用性原则，即教材内容应与社会实际需求相一致，理论适度、内容实用。通过教材，学生能够了解相关产业企业当前的主流生产技术、设备、工艺流程及科学管理状况，掌握企业生产经营活动中与本学科专业相关的基本知识和专业知识、基本技能和专业技能，以最大限度地缩短毕业生知识、能力与产业企业现实需要之间的差距。烟台南山学院研编的《应用型本科专业技能标准》就是根据企业对本科毕业生专业岗位的技能要求研究编制的基本文件，它为应用型本科有关专业进行课程体系设计和应用型教材建设提供了一个参考依据。二是动态性原则。当今社会科技发展迅猛，新产品、新设备、新技术、新工艺层出不穷。所谓动态性，就是要求应用型教材应与时俱进，反映时代要求，具有时代特征。在内容上应尽可能将那些经过实践检验成熟或比较成熟的技术、装备等人类发明创新成果编入教材，实现教材与生产的有效对接。这是克服传统教材严重滞后生产、理论与实践脱节、学不致用等教育教学弊端的重要举措，尽管某些基础知识、理念或技术工艺短期内并不发生突变。三是个性化原则，即教材应尽可能适应不同学生的个体需求，至少能够满足不同群体学生的学习需要。不同的学生或学生群体之间存在的学习差异，显著地表现在对不同知识理解和技能掌握并熟练运用的快慢及深浅程度上。根据个性化原则，可以考虑在教材内容及其结构编排上既有所有学生都要求掌握的基本理论、方法、技能等"普适性"内容，又有满足不同的学生或学生群体不同学习要求的"区别性"内容。本人以为，以上原则是研编应用型本科教材的特征使然，如果能够长期得到坚持，则有望逐渐形成区别于研究型人才培养的应用型教材体系特色。

三、应用型本科教材研编路径

1．明确教材使用对象

任何教材都有自己特定的服务对象。应用型本科教材不可能满足各类不同高校的教学需求，其主要是为我国新建的包括民办高校在内的本科院校及应用技术型专业服务的。这是因为：近10多年来我国新建了600多所本科院校（其中民办本科院校420所，2014年）。这些本科院校大多以地方经济社会发展为其服务定位，以应用技术型人才为其培养模式定位。它们的学生毕业后大部分选择企业单位就业。基于社会分工及企业性质，这些单位对毕业生的实践应用、技能操作等能力的要求普遍较高，而不刻意苛求毕业生的理论研究能力。因此，作为人才培养的必备条件，高质量应用型本科教材已经成为新建本科院校及应用技术类专业培养合格人才的迫切需要。

2．加强教材作者选择

突出理论联系实际，特别注重实践应用是应用型本科教材的基本质量特征。为确保教材质量，严格选择教材研编人员十分重要。其基本要求：一是作者应具有比较丰富的社会阅历和企业实际工作经历或实践经验。这是对研编人员的阅历要求。不能指望一个不了解社会、没有或缺乏行业企业生产经营实践体验的人，能够写出紧密结合企业实际、实践应用性很强的篇章。二是主编和副主编应选择长期活跃于教学一线、对应用型人才培养模式有深入研究并能将其运用于教学实践的教授、副教授等专业技术人员担纲。这是对研编团队负责人的要求。主编是教材研编团队的灵魂。选择主编应特别注意理论与实践结合能力的大小，以及"研究型"和"应用型"学者的区别。三是作者应有强烈的应用型人才培养模式改革的认可度，以及应用型教材编写的责任感和积极性。这是对写作态度的要求。实践中一些选题很好却质量平庸甚至低下的教材，很多是由于写作态度不佳造成的。四是在满足以上三个条件的基础上，作者应有较高的学术水平和教材编写经验。这是对学术水平的要求。显然，学术水平高、教材编写经验丰富的研编团队，不仅可以保障教材质量，而且对教材出版后的市场推广将产生有利的影响。

3．强化教材内容设计

应用型教材服务于应用型人才培养模式的改革，应以改革精神和务实态度，认真研究课程要求，科学设计教材内容，合理编排教材结构。其要点包括：

（1）缩减理论篇幅，明晰知识结构。编写应用型教材应摒弃传统研究型人才培养思维模式下重理论、轻实践的做法，确实克服理论篇幅越来越多、教材越编越厚、应用越来越少的弊端。一是基本理论应坚持以必要、够用、适用为度，在满足本学科知识连贯性和专业课需要的前提下，精简推导过程，删除过时内容，缩减理论篇幅；二是知识体系及其应用结构应清晰明了、符合逻辑，立足于为学生提供"是什么"和"怎么做"；三是文字简洁，不拖泥带水，内容编排留有余地，为学生自我学习和实践教学留出必要的空间。

（2）坚持能力本位，突出技能应用。应用型教材是强调实践的教材，没有"实践"、不能让学生"动起来"的教材很难产生良好的教学效果。因此，教材既要关注并反映职业技术现状，以行业企业岗位或岗位群需要的技术和能力为逻辑体系，又要适应未来一定期间内技术推广和职业发展要求。在方式上应坚持能力本位、突出技能应用、突出就业导向；在内容上应关注不同产业的前沿技术、重要技术标准及其相关的学科专业知识，把技术技能标准、方法程序等实践应用作为重要内容纳入教材体系，贯穿于课程教学过程的始终，从而推动教材改革；在结构上形成区别于理论与实践分离的传统教材模式，培养学生从事与所学专业紧密相关的技术开发、管理、服务等必需的意识和能力。

（3）精心选编案例，推进案例教学。什么是案例？案例是真实典型且含有问题的事件。这个表述的含义：第一，案例是事件。案例是对教学过程中一个实际情境的故事描述，讲述的是这个教学故事产生、发展的历程。第二，案例是含有问题的事件。事件只是案例的基本素材，但并非所有的事件都可以成为案例。能够成为教学案例的事件，必须包含问题或疑难情境，并且可能包含解决问题的方法。第三，案例是典型且真实的事件。案例必须具有典型意义，能给读者带来一定的启示和体会。案例是故事但又不完全是故事。其主要区别在于故事可以杜撰，而案例不能杜撰或抄袭。案例是教学事件的真实再现。

案例之所以成为应用型教材的重要组成部分，是因为基于案例的教学是向学生进行有针对性的说服、思考、教育的有效方法。研编应用型教材，作者应根据课程性质、课程内容和课程要求，精心选择并按一定书写格式或标准样式编写案例，特别要重视选择那些贴近学生生活、便于学生调研的案例。然后根据教学进程和学生理解能力，研究在哪些章节，以多大篇幅安排和使用案例。为案例教学更好地适应案例情景提供更多的方便。

最后需要说明的是，应用型本科作为一种新的人才培养类型，其出现时间不长，对它进行系统研究尚需时日。相应的教材建设是一项复杂的工程。事实上从教材申报到编写、试用、评价、修订，再到出版发行，至少需要3～5年甚至更长的时间。因此，时至今日完全意义上的应用型本科教材并不多。烟台南山学院在开展学术年活动期间，组织研编出版的这套应用型系列教材，既是本校近10年来推进实践育人教学成果的总结和展示，更是对应用型教材建设的一个积极尝试，其中肯定存在很多问题，我们期待在取得试用意见的基础上进一步改进和完善。

2016 年国庆前夕于龙口

前　言

"大学物理实验"课程是应用型院校培养高素质技能型人才的一门重要必修基础课程，是学生进入大学后接受系统实验方法和实验技能训练的开端，是理工类各专业（非物理类）对学生进行科学实验训练的重要基础。通过物理实验知识的学习，方法和技能的训练，使学生了解科学实验的主要过程与基本方法，为今后的工作和学习打下良好的基础。

为了帮助学生更好地掌握大学物理实验课程的基本知识和基本方法，以利于学生进行基本实验技能和创新能力的培养，促进学生综合实验素质的养成和自主学习能力的提升，我们编写了这本书。全书共分三部分：实验基础理论部分注重实用性和针对性，包括实验课绪论和实验数据处理；基础实验部分注重基础性和通用性，包括力学与热学实验、电磁学实验、波动学与光学实验共 18 个实验项目；综合性物理实验部分选取了 12 个实验项目，这一部分在内容选取上则注重了应用性和拓展性。在同一实验中一般介绍了 2～3 种不同的实验方法，供学习者根据需要选择。在全部 30 个实验项目中，除了实验目的、实验装置、实验原理和实验内容等基本内容，其中 20 个实验还针对特定的实验设备和实验方法设置了实验操作导引，并附有电子资源，重点介绍该实验操作步骤和实验数据的记录与处理。该电子资源既可作为实验操作指导手册，也可作为学生撰写物理实验报告的范本。

本书编写分工如下：姚建刚执笔绪论和第 1 章，罗家忠执笔第 2 章、第 3 章、第 4 章和第 5 章，唐田田负责编写第 2 章和第 3 章中的电子资源，王丽负责编写第 4 章中的电子资源，张敏负责编写第 5 章中的电子资源。

本书的编写得到了烟台南山学院工学院领导的大力支持，张树忠教授、田兆芸老师、张朝民老师提供了部分教学资料并提出了许多改进意见，同时还参阅了兄弟院校的相关教材，在此一并表示感谢！由于我们水平有限，书中不足和疏漏之处在所难免，请读者不吝指正。

编　者

2016 年 11 月

目　录

绪论——物理实验课程的地位、作用和任务

0.1 实验物理在物理学发展史上的地位

物理学一词最早来源于希腊文 $\varphi\upsilon\sigma\iota\varsigma$，意为自然规律，可延伸为自然及其发展规律，现代物理学的概念是指研究物质运动的最一般规律及物质基本结构的科学。物理学是一门实验科学，实验是物理学的基础。凡是物理学的概念、规律及公式等都是以客观实验为基础的，即物理理论绝不能脱离物理实验的验证。这里所指的实验是近代科学实验，近代科学实验是有目的地去实践，是对自然的积极探索。科学家提出某些假设或预见后，为对其进行验证，筹划一定的手段和方法，并根据实验产生的现象来判断原设计假设或预见是否正确就是科学实验。从认识主体所起的作用来看，科学实验同被动的经验、单纯的观察之间有很大的不同。仅仅停留在观察试验上还不能称为科学实验和方法，还必须使观察试验和理论研究结合起来。可以说科学实验是人类文明发展的积极推动力之一，因此科学实验的重要性是不言而喻的，其中物理实验自然也雄居要位。

可以毫不夸张地说，没有实验物理就没有物理学的发展。正是由于实验手段的不断进步、仪器精度的不断提高、实验设计思想的巧妙创新等，才使得人类在认识自然界的历程中不断探索、发现，进而攀登上更高的顶峰。人类对客观世界的认识是不断深化的，整个物理学的发展历史就是人类不断地了解自然、认识自然的过程。大到宇宙天体，小到原子、粒子等都无不显示着这个过程的各个历史时期的前进步伐。对自然界认识的深化必然引发科学技术和生产力的革命，必然会推动社会向前发展。

物理学的发展是人类进步的推动力之一，实验物理和理论物理是构成物理学研究的两大支柱。实验物理在推动物理学发展过程中有着明显的重要作用，当然理论物理也有着同样重要的作用，二者密切相关、相辅相成、互相促进。形象地说，恰如鸟之双翼、人之双足，不可或缺。物理学正是靠着实验物理和理论物理两大分支的相互配合、相互激励、相互促进、相辅相成地探索前进，而不断向前发展，不断深入认识自然界的。在物理学的发展过程中，这种相互促进、相互激励、相互完善的实例举不胜举。

物理学是一门成熟的科学，也是一门不断发展的科学，物理学所探索的各种现象的领域总在不断地扩大。现在必须承认，当实验上有新的发现或者实验方法有改进，测量精度

有提高的时候，每个物理学理论都要重新受到验证、检验或修正。

物理学研究的是物质运动的基本规律，它在揭示自然的奥秘、探索自然、认识自然世界，从而推动人类历史的前进、社会的发展等方面都有着巨大的作用。物理学是自然科学的基础，实验物理是物理学的基础。

0.2 教学实验与科学实验的关系

科学实验是为了预测、验证或获取新的信息，通过技术性操作来观测由预先安排的方法所产生的现象，其全过程应包括四个环节。即：第一步，选定目标做出计划，也就是确定课题，构思模型，给出实验设计方案；第二步，制作或选择实验装置，按设计方案准备实验所需设备；第三步，观察现象和测量数据，进行实验操作，记录数据；第四步，分析、整理数据结果，得出结论。完成这四步之后，须讨论由实验结果得到的结论，是支持、肯定了原先所构思的模型设计方案，还是部分肯定，尚须改进、完善设备或设计方案，抑或是修改、否定原先的设计目标。因此，科学实验实际上包含着多次实验，甚至失败、再实验之后，最后得出结果，从而获得新的规律。科学实验是探索的过程，可能成功也可能失败，结果可能是符合预期设计的，也可能是否定预期设计的，当然还可能有意外的收获而导致新发现，从而得到未曾预期的成功（穆斯堡尔效应的发现过程就是一例）。每一次科学实验的成功都会揭示出自然界的奥秘，使人类在认识自然的道路上又前进一步。

教学实验不同于科学实验，它是以教学为目的，其目标一般不在于探索，而在于培养人才，它是以传授知识、培养人才为目的的。因此，教学实验（尤其是基础教学实验）与科学实验无论从宗旨、内容和形式上都会有所区别。教学实验一般都是理想化了的，排除了次要干扰因素而简化过的实验，是经过精心设计准备，一定能成功的。一般基础实验只做科学实验过程的第三、四两步，到了高年级，视条件允许的程度，可能有少部分学生或少部分实验能涉及第一、二两步。尽管如此，教学实验的地位仍然是非常重要的，因为该课程担负着培养学生实验能力和科学素质的任务。人们要攀登科学高峰，首先要培养自身攀登高峰的能力，这好比建造通向高峰的阶梯。攀登高峰的阶梯好像一座金字塔，有着广阔、宽厚的基础和高耸的塔尖，基础愈宽厚，塔尖可以愈高，可及的科学高峰也会更高。学生的任务主要就是积累知识、培养素质、提高能力，就是建造攀登高峰的阶梯。从某种意义上说，不管学生自己是否意识到，实际都在建造自己通向高峰的阶梯。每个人建造阶梯的过程和结果则取决于诸多主、客观因素，会有所不同。

物理实验课是一门基础实验课，是整个知识和能力大厦的底层。底层的重要性是不言而喻的，因此教学实验的重要性是显而易见的。

0.3 物理实验对人才科学素质提高的作用

从科学发展的进程看，人的科学素质有三个主要方面：求知欲望；科学思维和创造能力；严谨的科学作风和坚忍不拔的苦干精神。

人类自从有思想以来，就想认识客观世界，这就是人的求知欲望。科学形成、发展的过程正是人类永恒的、强烈的求知欲望的结果。

科学的发展依赖于人的思维和创造能力，正如爱因斯坦在《物理学的进化》中所述："科学的发展过程是人类通过思维和观念大胆地探求客观世界的过程"。从物理学的发展来看，牛顿时代以来最重要的发现之一是"场"概念的提出，它揭示了描写物理现象最重要的不是带电体，也不是粒子，而是带电体与粒子之间的"场"。如果没有很强的思维和创造能力，"场"的概念是不可能被提出和理解的。"场"的概念，摧毁了旧的观念，促进了 20 世纪相对论、量子理论的伟大发现和发展。因此科学发展史证明了思维和创造能力是人的科学素质的核心组成部分。

科学要求人类必须有严谨的科学作风和坚忍不拔的苦干精神。因为在探求客观世界的过程中，实践才是检验真理的唯一标准。科学上的每一个想象，必须用实验来验证，任何结果不论如何吸引人，假如与实际不符，都必须放弃，这里来不得半点虚伪和骄傲。

科学的发展是无止境的，它既需要研究相关现象之间的相互一致性来加以类推，又需要将已解决的问题和未解决的问题联系起来，有些共同的特性常常隐藏在外表差异的背后，必须有严谨的科学作风和坚忍不拔的苦干精神，才能发现这些共同点，并在此基础上建立新的理论、新的观念和新的方法，促进科学的不断发展。

科学发展的历史长河证明了物理学的起源和发展促进了自然科学的各个领域、各个学科的建立和发展，物理学的思维和观念已渗透在各个学科、各个领域中。例如，21 世纪被誉为生命科学的世纪，物理学中的基本观念、基本思维方法，包括实验的误差理论与数据处理的方法都在生命科学领域内得到应用和发展。因此物理学在培养人的科学素质方面具有十分重要的地位，物理实验是其中的重要环节。

人才科学素质培养的核心是思维和创造能力的培养，人的思维和创造能力有"硬"和"软"两个方面。

从理论的角度看，"硬"的方面表现为：基本概念的掌握、推理演绎的能力、运算的技巧与能力；"软"的方面表现为：物理概念的系统理解与深化、比较和综合的能力等。

从实验的角度看，"硬"的方面表现为：基本实验技能与动手能力、现代技术的应用水平；"软"的方面表现为：实验课题的选择、实验的设计思想和实验方法等。

几十年来，物理实验教学的课程体系和教学内容从"硬"和"软"两个方面培养学生的思维和创造能力，激发他们强烈的求知欲望、严谨的科学作风和坚忍不拔的苦干精神。物理实验在人才科学素质培养中起着重要的作用。

0.4 学好物理实验课的基本要求

物理实验课是工科学历教育院校各专业学生的必修课程，是培养和提高学生科学素质和能力的重要课程之一。学生通过物理实验课程的学习能够积累大量知识，并最终沉积为科学能力的提高，进而转化为自身素质的提高。这正是自觉建造攀登科学高峰阶梯的途径，这也正是要学好物理实验课的目的和意义。

通过物理实验课的学习，学生应自觉注意自身能力的培养。简言之有以下两点：其一是培养严谨的科学作风和坚忍不拔的苦干精神，也就是实事求是和百折不挠的科学精神。在实验过程中要求认真观察实验现象，一丝不苟地记录实验数据。要求记录数据要原始、完整、全面、清楚，要有必要的说明注解等。不但要用已掌握的知识去分析现象、处理数据，同时经过去伪存真、去粗取精的科学升华过程，探索新实验、新方法和新规律。科学实验包含着多次实验、失败、修改、再实验……最后才可能得出正确的结果而取得成功。在教学实验中也会遇到某些困难或问题，试图解决这些问题，克服这些困难，正是培养学生严谨科学作风和坚忍不拔精神的最好途径。其二是创新实验能力的培养。教学实验虽然是经过安排设计的，但仍然要求学生要多问自己些问题。首先要思考，应该想清楚诸如每一项实验内容要测量什么？通过怎样的途径（方法）去测量？也就是实验方法设计，为什么要这样做？这就涉及要重视实验的提示和注意事项内容。如不这样做会怎样？是会出错？会损坏仪器？还是会有伤害？等等。还可进一步问，还有哪些途径方法去测量同一内容？一般来说实验设计方法并不是唯一的。要比较设计方法是否巧妙、简明，条件是繁是简，资金耗费多少等因素，再结合实际条件来讨论、选择、优化。这更能激发学生的求知欲望和学习热情，不断提高创新意识、增强创新能力，以适应新世纪对人才科学素质的要求。

还必须提醒注意的是实验室操作规程和安全规则。学生进入实验室上实验课，会接触到各种测量器具、仪器和仪表，随着学习的深入、层次的提高，还可能接触一些先进的、精密的仪器设备，或接触各种实验环境，如高温、低温、电磁场、激光、暗室、放射性物质、真空系统等，这要求学生必须遵守实验室给出的具体操作规程，严格执行安全防护操作规定，养成良好的实验习惯，这也是对高素质人才培养的一项基本要求。

物理实验在人类文明的发展中，一直扮演着重要的角色，许多物理实验在历史发展中起过里程碑式的作用。可以毫不夸张地讲，没有物理实验就没有当今的人类文明，不学习物理实验，也不可能造就一代新世纪的高素质人才。愿有志于攀登科学高峰的人，在学习物理实验的过程中勇猛奋进，为新世纪的发展谱写新篇章。

第 1 章　实验数据的处理

1.1　测量误差

1.1.1　测量的基本概念

1．测量和测量值单位

测量是物理实验的基本操作，其实质是将待测物体的某物理量与相应的标准做定量比较。测量的结果应包括数值（度量的倍数）、单位（所选定的标准物理量）以及结果的可信赖程度（用误差来表示）。

2．直接测量、间接测量和等精度测量

测量分为直接测量和间接测量。直接测量是指把待测物理量直接与作为标准的物理量相比较，例如用直尺测量长度。间接测量是指按一定的函数关系，由一个或多个直接测量量计算出另一个物理量。例如，直接测量一圆柱体的直径（D）和高度（h），再根据 $V=\pi D^2 h/4$ 计算出圆柱体的体积。

仪器的不同、方法的差异、测量条件的改变以及测量者素质的高低都会造成测量结果的变化，这样的测量是不等精度测量。而同一个人，用同样的方法，使用同样的仪器并在相同的环境条件下对同一物理量进行的多次测量，叫做等精度测量。尽管各测量值可能不相等，但没有理由认为哪一次（或几次）的测量值更可靠或更不可靠。

实际上，一切物质都在运动中，没有绝对不变的人和事物。只要其变化对实验的影响很小乃至可以忽略，就可以认为是等精度测量。以上所述各项，如有一项发生变化，导致明显影响实验结果，即为不等精度测量。以后说到对一个量的多次测量，如无另加说明，都是指等精度测量。

3．测量的正确度、精密度和精确度

对同一物理量进行多次等精度测量，其结果也不完全相同。这好比打靶，子弹落点会有一定的弥散性。结果比较接近客观实际的测量正确度高；结果彼此距离相近的测量精密度高；而既精密又正确的测量则精确度高。正确度表示测量结果系统误差的大小，精密度表示测量结果随机误差的大小，精确度则综合反映出测量的系统误差与随机误差的大小。

4．测量的系统误差

测量仪器的零点不准、砝码磨损乃至测量环境和条件的变化都可能造成测量结果的不正确。没被发现或没校正系统误差的测量，其误差最终都应反映在测量结果上。因其对实验结果的影响很大，有时还难以发现，所以有必要予以重视。有些系统误差是遵从一定规律的，譬如卡尺端面缺损，地磁场对磁测量结果的影响，量具长度与温度的关系，单摆运动周期公式中忽略了周期与摆角的关系等，这些理论上的欠缺、公式的近似、仪器零位不准以及环境的影响等，都会使测量值恒偏大（偏小）或遵从一定的规律变化，这样的误差叫做可定系统误差。可定系统误差一般不服从统计规律，通过修订可以恢复为标准值。

有时系统误差在一定条件下表现出随机性，如米尺刻度不均匀。如果每次都用该米尺的同一部分进行测量，则误差恒定，但如用米尺的不同部位多次测量，其结果又具有统计规律，这样的系统误差称作未定系统误差。我们应学会发现系统误差，进而减小、校正乃至消除它的影响。

1.1.2　测量仪器的精度和测量值的有效数字

1．仪器的精确度等级

测量结果的精密度和正确度是与测量仪器的精确度等级密切相关的，我们通常用仪器的精度和仪表的级别来描述仪器的这种性质。

仪器的精度通常指它能分辨的物理量的最小值。仪器的精度越高，即它的分度越细，允许的偏差就越小。由于多种因素，如材质不均匀、加工装配的缺欠以及环境（如温度、湿度、震动、杂散光、电磁场等）的影响，仪器的精度受到一定的限制。

按照标准，在正常使用条件下（如温度、湿度范围、放置方式、额定功率等都符合要求），用某种级别的仪器进行测量时，对最大允许偏差有具体规定，这种最大允许偏差也叫仪器的极限误差或公差，我们用 Δ_e 来表示。Δ_e 可在产品说明书和仪器手册中查到。

仪表的级别和最大允许有关。如模拟式（指针式）电表级别分为 5.0、2.0、1.5、1.0、0.5、0.2、0.1 等，每一量程的最大允差 Δ_e=量程×级别%。它表示在该量程下正确使用仪表进行测量，结果可能出现的最大误差。而数字式式电表测量结果的误差较为复杂，通常表示为读数×某百分数＋最末位的几个单位（具体见说明书）。

一般而言，有刻度的仪器、量具的最大允许偏差大约对应于其最小分度值所代表的物理量。对于数字式仪表，测量值的误差往往在于所显示的能稳定不变的数字中最末一位的半个单位所代表的物理量。应当说明，"最大允差"是指所制造的同型号同规格的所有仪器中有可能产生的最大误差，并不表明每一台仪器的每个测量值都有如此之大的误差。它既包括仪器在设计、加工、装配过程中乃至材料选择中的缺欠所造成的系统误差，也包括正常使用过程中测量环境和仪器性能随机涨落的影响。

2．测量值的有效数字

对于标刻度的量具和仪器，如果被测量量很明确，照明好，仪器的刻度清晰，要估读到最小刻度的几分之一（如 1/10、1/5、1/2）。这最小刻度的几分之一，即为测量值的估计误差，记作 Δ_a。测量值中能读准的位数加上估读的这一位称为有效数字。如用米尺测量书本上两条平行细线之间的距离，应能估读到最小刻度（1mm）的十分之一。

人们常把能读准的数字叫可靠数字，估读的一位数字叫可疑数字，测量值的误差往往在这最后一位。用数字式仪表测量，凡是能稳定显示的数值都应记录下来，其数值的位数就是该测量值的有效数字。如用某数字万用表测电压，显示值为 217V，位数为 3，它的有效数字位数就是 3 位。如果测量值的末位或末两位数字变化不定，应当记录稳定的数值加下一位正在显示的值，或者根据其变化规律，四舍五入到读数稳定的那一位。如果两位以上的数字都变化不定，应考虑选择更合适的量程或更合适的仪器。如用米尺测量一个边缘磨损的桌子的长度，因被测量自身的不确定性，就只能读到毫米了，表示估计误差在毫米这一位。

1.2　测量结果的有效数字

1.2.1　有效数字的一般概念

任何一个物理量的测量结果总是存在一定的误差，表示测量值的数值时不应随意取位，而是要有一定意义的表示法。

例如，米尺的最小分度值为 1mm，用它测量一个物理量的长度，读数为 l=282.3mm，这 4 个位数中，前 3 位是肯定的，称为可靠数字，最后一位是不确定的，称为可疑数字。我们把测量结果中可靠的几位数字加可疑的一位数字统称为测量结果的有效数字。有效数字的最后一位虽然是可疑的，即是有误差的，但它在一定程度上反映了客观实际（如仪器的精度或仪表的级别），因此它是有效的。

有效数字的位数与十进制单位变换无关，即与小数点的位置无关。因此，用以表示小数点位置的"0"不是有效数字。例如 1.35cm 换成以米为单位时写作 0.013 5m，但仍为 3 位有效数字。可见，"有效数字是小数点后的几位"的说法是错误的。

当"0"不是用作表示小数点位置时，此"0"也是有效数字，如 1.003 5cm，有效数字是 5 位，2.00cm 有效数字是 3 位，显然，数据最后的"0"不能随便添上，也不能随便去掉。

如果一个数值很大而且有效数字位数不多，则数值大小与有效数字位数就发生矛盾，为避免这种矛盾，在物理实验中常用一种被称为标准式的写法，就是任何数值都只写出有效数字，而数量级则用 10 的幂次去表示。例如，$3.40\times10^4\mu m$ 仍为 3 位有效数字。

根据有效数字的定义，对仪器读数时，必须读到估读的一位。例如最小分度是毫米的尺子，测量时一定要估读到 1/10mm 那一位。但有的指针式仪表，它的分度较窄，而指针较宽（大于最小分度的 1/5），这时要估读到最小分度的 1/10 有困难，可以估读到最小分度的 1/5 甚至是 1/2。有效数字的位数与相对误差之间有一定的关系，如果误差数值取一位，最小数字是 1，最大数字是 9；三位有效数字最小是 100，最大是 999（这里假定从个位数算起），则与三位有效数字相对应的相对误差是 $10^{-1}\sim10^{-3}$，这是一个范围；与此类似，四位有效数字的相对误差是 $10^{-2} \sim 10^{-4}$，等等。因此在进行误差分析时，有时讲误差有多大，有时只讲有几位有效数字。

1.2.2 有效数字的运算规则

正确运用有效数字的运算规则，既可以解决在数值计算中因各量取值位数的多少不同而影响实验结果原有的精确度，又可避免进行本来不必要的取位过多运算。

用误差决定有效数字的位数是处理有效数字运算的基本依据，这里所讲的误差是指扣除了可定系统误差以后的合成误差。

因此，不管是什么运算，如果给出了各个量的误差，就一律先根据误差传递公式计算最终的合成误差，然后用误差来决定有效数字的位数。由于误差是在一定置信概率下得出的，所以在一般情况下，误差的有效数字只取一位，在特殊情况下，不超过两位，再多就没有意义了。在本书中，我们一律取误差的有效数字为一位。

将有效数字的定义与误差只取一位结合起来，即任何测量结果，其数值的最后一位要与误差所在的这一位取齐。例如，单摆测量重力加速度实验中 $g=981.2\pm0.8\mathrm{cm/s}^2$，误差只取一位，测量结果的有效数字的末位是和误差在同一位的数字 2。一次直接测量结果的有效数字由估计的最大允差决定；多次直接测量结果的有效数字由其合成展伸误差的末位确定；间接测量结果的有效数字也是先根据误差传递公式求出结果的合成展伸误差，再根据末位取齐原则确定有效数字。

单次测量后不计算误差时，测量结果的有效数字位数只能按以下的规律初步确定。

1．加减法的运算

根据误差传递公式，加减运算结果的误差大于参与运算的各分量中任一个的误差，所以加减运算后的有效数字位数则以参与运算的各分量的有效数字的最后一位数上最大的为准，其他各分量在运算过程中保留到它的下一位，最后还与它取齐。

［例 1-1］ $N=A-B+C+D$，$A=71.3\mathrm{cm}$，$B=0.753\mathrm{cm}$，$C=6.262\mathrm{cm}$，$D=271\mathrm{cm}$，求 N。

A、B、C、D 中的 D 的最后一位是个位，即误差发生在个位上，于是其他各量（包括常数）保留到小数点后的一位，即

$$N=71.3-0.8+6.3+271=347.8\mathrm{cm}$$

最后与 D 取齐，即取 $N=348\mathrm{cm}$。道理很简单，即最后运算结果的误差不会小于个位数（271cm 的误差是个位数），这样取值已经很"保险"了。

2．乘除法的运算

已知乘除运算结果的相对误差应大于参与运算的各分量中任何一个量的相对误差，而一般来说有效数字位数越少，其相对误差则越大，这个规律只是大致上是这样的，所以乘除运算的有效数字运算规则也是近似的。

乘除法的有效数字运算规则规定，以参加运算的几个量中有效数字位数最少的分量为准，其他的分量（包括常数），保留到此上述分量的有效数字多一位来进行运算。最后的结果在一般情况下可以取到与该最少位数分量的位数相同，特殊情况下应多取一位。

[例 1-2]　$N = \dfrac{ABC}{D}$，A=39.5，B=4.084 37，C=0.001 3，D=867.8，求 N。

A、B、C、D 中的 C 的有效数字位数最少，是两位，则其余各量运算时有效数字取 3 位，有

$$N = \frac{39.5 \times 4.08 \times 0.001\,3}{868} = 2.4 \times 10^{-4}$$

这里 N 的结果取两位。因为根据误差理论，合成误差总是大于或至少等于任一项分量的误差（乘除法是相对误差），所以，以有效数字位数最少的，即相对误差最大的分量 C 为准，相对误差至少为 1/13≈2/24，亦即结果 2.4×10^{-4} 的误差至少为 0.2×10^{-4}。故保留两位也就够了。

如果在此例中，C=0.006 5，则

$$N = \frac{39.5 \times 4.08 \times 0.006\,5}{868} = 1.21 \times 10^{-3}$$

这时要将 N 的结果多保留一位，因为分量 C 的相对误差至少为 1/65，如果 N 的相对误差仅由它决定，则约为 1/121，亦即 N 的误差至少是 0.02×10^{-3}，所以 N 保留 3 位有效数字。

可见，为了稳妥起见，乘除法运算结果取位办法应该是：若结果的第一位数的数值大于位数最少的分量的数值，运算结果的位数只需取与这个分量的位数相同即可；如果结果的第一位数的数值小于位数最少的分量的第一位数数值，运算结果的位数就需比这个分量的有效数字位数多一位；如果二者的第一位数数值相同，则根据第二位酌情处理。

在混合四则运算中要按部就班地运用有效数字的四则运算法则。

[例 1-3]　$L=L_1(a+b)$，已知 L_1=3.187 95cm，a=1 为常数，b=2.0×10⁻³，求 L。

$$L = L_1(a+b) = 3.187\,95 \times (1 + 0.002\,0)$$
$$= 3.187\,95 \times 1.002\,0 = 3.194\,3\text{cm}$$

这里 b 虽然只有两位有效数字，但由于 1 是常数，即 1=1.000 0……，于是 $a+b$=1+b=1.002 0 为 5 位。

结果取 5 位即可，因为 1.002 0 的相对误差至少为万分之一，所以，3.194 3 保留 5 位就足够了（1/10 000≈3/31 943）。

[例 1-4]　$y = \dfrac{8.042}{6.038 - 6.034} + 30.96$，求 y。

$$y = \frac{8.042}{6.038 - 6.034} + 30.96 = \frac{8.0}{0.004} + 30.96 = 2.0 \times 10^3$$

这里，因为 6.038−6.034 结果为一位有效数字，于是将 8.042 取两位有效数字，得 8.0/0.004=2.0×10³，结果 2.0×10³ 取两位有效数字，意味着误差在百位上，因而，将 30.96 抹掉就可以了，即最后一步加法相当于加上 0。

3．函数运算

在进行函数运算时，有效数字的取位不能用有效数字的四则运算法则。根据误差理论，对某些简单的函数运算可以总结出一般规律来确定计算结果的有效数字取位。在一般情况下，可以用微分方程式求得误差，再根据末位对齐原则确定结果有效数字的位数，为了"保

险"起见，都以测量值的最后一位误差取 1 考虑，这里仅举一例简要说明。

例如：$x=56.7$，三位有效数字，$\ln x=4.038$，小数三位，有效数字四位。

这是因为 $d(\ln x)=dx/x$，在"保险"的情况下取 dx 为 x 的最后一位上的 1。x 如果有三位有效数字，则不管 x 本身有多大，$dx/x \approx 10^{-3}$，即总是千分之几，于是 $\ln x$ 则保留到小数点后 3 位。

4．尾数的舍入

通常所用的位数舍入法则是四舍五入。对于大量位数分布概率相同的数据来说，这样的舍入是非常合理的，因为总是入的概率大于舍的概率。现在通用的是：尾数"小于五则舍，大于五则入，等于五则把尾数凑成偶数"的法则。这种舍入法则的依据是这样做以后使位数的舍入概率相等。

例如，1.535 取三位有效数字为 1.54，12.405 取四位有效数字为 12.40。

1.3 常用的数据处理方法

我们经常通过实验探索两种物理量之间的关系，即把一种物理量当成自变量 x，测量不同的自变量 x_i 所对应的另一种物理量 y_i 的值。这样便得到了两列测量值：x_1, x_2, …, x_n 和 y_1, y_2, …, y_n，n 是测量次数。

也可以说得到了 n 组测量值：(x_1, y_1), (x_2, y_2), …, (x_n, y_n)。如何处理这些数据，以便找出 x、y 之间的关系呢？这一节就来讨论常用的数据处理的方法。

1.3.1 列表法

在记录实验数据时，最好"横平竖直"地列成表，清晰明了，容易反映出规律性的东西，也容易发现问题。列表法应注意以下几点：

① 忠于实验结果，记录原始数据；

② 表中应标明物理量及其单位；

③ 如果多次等精度测量，应标出测量序号，表后留出平均值、标准差和 A 类标准误差的空位，以便进一步做数据处理；

④ 如果记录两组相关物理量，一般把作为自变量的数据列在上方，把作为因变量的数据对应列在下方，便于反映出物理量之间的内在关联；

⑤ 可把每次测量的估读误差一并写在数据后（也可另加注明）；

⑥ 如果在一个实验中有两个以上的数据表，最好在每个表上方标记名称。

列表法也是其他数据处理方法的基础。

［例 1-5］ 在求圆柱体体积的实验中，将 6 次测量的数据列表。

在 D、h 数据表 1-1 中，n 为序号；在物理量名称后的斜线后注明单位；$\bar{x}$、σ 分别为测量列平均值、标准差。

表 1-1 D、h 数据表

n	1	2	3	4	5	6	$\bar{x}$	σ
D/mm	0.832	0.829	0.830	0.835	0.828	0.828	0.830 3	0.002 7
h/mm	3.24	3.26	3.22	3.20	3.24	3.23	3.238	0.015

注意，多次等精度测量的平均值 $\bar{x}$ 的有效数字可能与一次测量时按仪器读数规则得到的有效数字不同。

1.3.2 作图法

1．图示法

选取合适的坐标纸，把两组互相关联的物理量的每一对测量值标记成坐标纸上的一个点，用符号"＋"表示，叫做数据点。然后根据实验的性质，把这些点连成折线，或拟合成直线或曲线，这就是图示法。对于仪器校准曲线，即用高等级仪器校准低等级仪器，可将直角坐标的横轴作为低级表读数，纵轴作为高级表读数与低级表读数之差。把各校准点连成折线，如图 1-1 所示。

在多数情况下，两个相关物理量之间的关系在一定范围内应是渐变的。因此，应该把各数据点拟合成一条光滑连续的曲线或直线。拟合的原则是使各数据点（沿纵轴方向）到所拟合的曲线的距离之和为最小，在数学上这叫最小二乘法，下文还会进一步介绍。根据这个原则，各数据点要均匀分布在曲线的两侧，这是用几何的方法对诸多数据所反映的物理过程的一种"平均化"、"光滑化"操作。

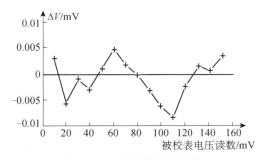

图 1-1 电压表的校准曲线

图示法的最大特点是直观。理想气体 $p\text{-}V$ 图上用双曲线描述等温过程是大家最熟悉的图示法。作图要使用细铅笔，数据点应标成一个小"＋"叉，若要在同一张纸上画几条曲线，各线相应的数据点所使用的符号应不同，如"＋"、"×"、"□"、"⊙"等。

图示法要注意以下几点：

① 要根据需要选用直角坐标纸、对数坐标纸、半对数坐标纸和极坐标纸。在直角坐标纸上描述 $V = V_0 \mathrm{e}^{-ad}$ 的 $V\text{-}d$ 图是一个指数衰减曲线，而在半对数坐标纸上，在对数轴上标记 V，$V\text{-}d$ 图就成了一条直线。

② 坐标纸面积为 $25\mathrm{cm} \times 20\mathrm{cm}$，一般应用整张纸作图，至少用半张纸。如果实验数据

很精确，而坐标纸很小，作图的误差就远远超过了实验误差。

③ 用数据点拟合非线性关系的曲线时，最好借助云形规（也称曲线板），以使拟合的曲线光滑。

④ 每个图都要在底部或顶部空白处标出图的名称，如"电压表校准曲线"、"p-V图"等。

⑤ 要画坐标轴，轴上应有标度值，标度值不一定从零开始。习惯上，横轴代表自变量，纵轴代表因变量。坐标轴端可画箭头，在箭头外标明该轴所代表的物理量名称及单位（最好都用符号表示，如 $t/℃$）。如果不画箭头，则在轴中部、轴的外侧标记。在纵轴上标记时，应将纸旋转 90°，即沿着轴的方向书写。

⑥ 各数据点到所拟合的曲线（沿纵轴方向）的距离之和应为最小。测量值都有误差，把纵轴所代表的物理量的测量值及其误差用一定长的直线段标在图上是有好处的。这个小线段叫做误差杆，杆的中心点对应于测量值。误差杆用"Ⅰ"、"Ⅱ"或"Ⅰ"等表示，其长度代表该测量值的误差范围 $\pm\Delta y_i$。

【例 1-6】 在验证 $V = V_0 \mathrm{e}^{-ad}$ 关系并求 a 值的实验中，得到表 1-2 的数据。V 为直流电压，d 为厚度，ΔV 为测量值的误差。按数字万用表说明书，ΔV=读数＋末位的 10 个单位。作 V-d 图（见图 1-2）。

表 1-2 　V-d 数据表

$d/\mu\mathrm{m}$	25	50	75	100	125	150	175
V/V	44.26	37.71	31.19	25.79	20.90	18.36	15.00
$\Delta V/\mathrm{V}$	1.9	1.6	1.3	1.1	0.9	0.8	0.6

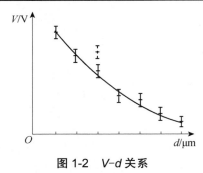

图 1-2 　V-d 关系

图 1-2 描述了 V-d 关系，各点误差杆长度 $\pm\Delta V$ 不相等。假设测量时误把电压 31.19 记为 37.19，则作图时会发现有 6 个点可以很好地拟合成一条指数衰减曲线，唯有（75，37.19）这个点"脱离群众"。而若"照顾"这个点，就无法很好地拟合其他的点。可不可以舍弃这个点呢？

当然，严格地讲应重做实验，但有时无法或没必要重做，我们可以参照误差理论中剔除坏值的 3σ 原则来处理，如果这个点到按其他点所拟合的曲线（沿纵轴方向）的距离大于 3 倍 ΔV（即 1.5 倍误差杆的长度），就可以舍弃该点。不画误差杆则难以判断。应注意，曲线拟合是对多组数据统计意义下的操作，若一共只有三四个点，就不能草率地舍弃任何一点了。从图中可以看出，各数据点误差杆长度不同。

如果作 $\ln V\text{-}d$ 图，则纵坐标轴误差杆长度为 $\dfrac{2\Delta V}{V}$，对所有数据点，均近似相等，为 0.08。可见误差杆长度与坐标系选取有关。

2．图解法解实验方程

为简单起见，若数据点拟合成一条直线，则可以进一步求出反映该实验物理规律的解析方程——线性方程。线性方程的一般形式为

$$y=mx+b \tag{1-1}$$

式中，参数 m 为直线的斜率，b 为直线在 y 轴上的截距。

测定某种金属的电阻温度系数实验数据见表 1-3。$R\text{-}t$ 图为一直线，如图 1-3 所示。

表 1-3　$R\text{-}t$ 数据表

$t/℃$	18.8±0.3	30.4±0.3	38.3±0.3	52.3±0.3	62.2±0.3
R/Ω	32.55±0.10	34.40±0.10	35.25±0.10	37.15±0.10	39.00±0.10

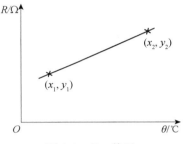

图 1-3　$R\text{-}t$ 关系

在直线上选取两个相距较远的点 (x_1, y_1) 和 (x_2, y_2)，如（20.0，32.67）和（60.0，38.55）则

$$m = (y_2 - y_1) / (x_2 - x_1) \tag{1-2}$$

$$b = (y_1 x_2 - y_2 x_1) / (x_2 - x_1) = y_2 - mx_2 \tag{1-3}$$

从图中所选的两个点，我们得到

$$m = \frac{38.55 - 32.67}{60.0 - 20.0}\ \Omega/℃ = 0.144\ \Omega/℃$$

$$b = (38.70 - 0.144 \times 63.0)\ \Omega = 29.73\ \Omega$$

图解法求解实验方程，其参数的误差与所有测量数据的误差都有关，也与坐标纸的种类、大小以及作图者自身的技能有关。如果坐标纸足够大，并忽略描点和作图的误差，则由仪器允差引起的方程参数的误差可由下列公式求得

$$\frac{\Delta m}{m} = \sqrt{\frac{2\overline{(\Delta X)^2}}{(X_n - X_1)^2} + \frac{2\overline{(\Delta Y)^2}}{(Y_n - Y_1)^2}},\ \Delta b = \Delta m\sqrt{(X_n^2 + X_1^2)/2} \tag{1-4}$$

其中，

$$\overline{(\Delta X)^2} = \frac{1}{n}\sum(\Delta X_i)^2,\ \overline{(\Delta Y)^2} = \frac{1}{n}\sum(\Delta Y_i)^2 。$$

根据式（1-4），上例中电阻温度系数的相对误差 $\dfrac{\Delta m}{m}=0.024$ ， $\Delta m=0.003\ \Omega/\text{℃}$。故 $m=(0.144\pm0.003)\ \Omega/\text{℃}$ ， $\Delta b=0.14\ \Omega$ 。

1.3.3 逐差法

当自变量等间隔变化，而两物理量之间又呈线性关系时，我们除了采用图解法、最小二乘法以外，还可采用逐差法。如弹性模量测量实验中，在金属丝弹性限度内，每次加载质量相等的砝码，测得光杠杆标尺读数 r_i；然后再逐次减砝码，对应地测量标尺读数 r_i'；取 r_i 和 r_i' 的平均值 $\overline{r_i}$。若设每加（减）一个砝码引起读数变化的平均值为 $\overline{b}$ ，则有

$$\overline{b}=\frac{1}{n}\sum_{i=1}^{n}(\overline{r}_{i+1}-\overline{r}_i)$$
$$=\frac{1}{n}[(\overline{r}_2-\overline{r}_1)+(\overline{r}_3-\overline{r}_2)+\cdots+(\overline{r}_n-\overline{r}_{n-1})]=\frac{1}{n}(\overline{r}_n-\overline{r}_1) \tag{1-5}$$

从上式看到，只有首末两次读数对结果有贡献，中间的测量数据相互抵消未被利用，失去了多次测量的好处。这两次读数误差将对测量结果的准确度有很大影响。

为了避免这种情况，平等地运用各次测量值，可把它们按顺序分成相等数量的两组 r_1，…，r_p 和 r_{p+1}，…，r_{2p}，取两组对应项之差 $\overline{b}_j=(\overline{r}_{p+j}-\overline{r}_j)$，$j=1,2,\cdots,p$，再求平均，即

$$\overline{b}=\frac{1}{p}\sum_{j=1}^{p}\overline{b}_j=\frac{1}{p}[(\overline{r}_{p+1}-\overline{r}_1)+\cdots+(\overline{r}_{2p}-\overline{r}_p)] \tag{1-6}$$

相应地，它们对应砝码质量为 $m_{p+j}-m_j$，$j=1$，2，…，p。这样处理可以使各测量值都能得到应用，保持多次测量的优越性。

注意：逐差法要求自变量等间隔变化而函数关系为线性。

［例 1-7］弹性模量实验数据见表 1-4。

已知每次加减砝码质量 $\Delta_m=(0.500\pm0.005)\text{kg}$，标尺刻度误差为 $\Delta_r=\pm0.3\text{mm}$，求标尺读数与砝码质量之间的线性比例系数 α。

表 1-4 弹性模量实验数据表

$\Delta m/\text{kg}$	0	0.500	1.000	1.500	2.000	2.500	3.000	3.500
r_j/mm	90.0	101.5	112.5	124.5	135.3	146.0	158.0	170.0
r_j'/mm	88.4	100.0	111.0	122.8	134.0	147.6	158.4	170.0
$\overline{r}_j/\text{mm}$	89.2	100.8	111.8	123.4	134.6	146.8	158.2	170.0
$\Delta r=(\overline{r}_{j+4}-\overline{r}_j)/\text{mm}$	45.4		46.0		46.4		46.6	

解：将 8 个数据分成两组，$j=0$，1，2，3

$$\alpha = \frac{\overline{\Delta r}}{\overline{\Delta m}} = \frac{\sum (\overline{r}_{j+4} - \overline{r}_j)}{\sum (\overline{m}_{j+4} - \overline{m}_j)}$$

由上表数据知

$$\overline{\Delta m} = 2.000\text{kg}, \quad \overline{\Delta r} = 46.1\text{mm}, \quad \sigma(\Delta r) = 0.53\text{mm}$$

则

$$\overline{\alpha} = \frac{\overline{\Delta r}}{\overline{\Delta m}} = \frac{46.1}{2.000} / \text{mm} = 23.05\text{kg/mm}$$

第 2 章　力学与热学实验

2.1　固体密度测量

物质密度是反映物质特性的重要参数之一，物质的许多力学和热学性能大都与物质的密度有关。物质密度的测量方法通常可根据与物质密度相关的物理现象和规律确定，本实验利用阿基米德原理测量固体密度。

实验目的

1. 学习用阿基米德原理测量固体密度的方法；
2. 学习天平及部分长度测量仪器的使用方法。

实验原理

1．测量方法

物质在某一温度下的密度 ρ 定义为该物质在该温度下单位体积的质量：

$$\rho=m/V \tag{2-1}$$

其中，m 为物体的质量，V 为物体的体积。对于规则物体，我们很容易测量它的体积 V 和重力 W_a，则利用式（2-1），规则物体的密度可以写为

$$\rho=W_a/(V \cdot g) \tag{2-2}$$

对于不规则物体其体积较难测得，一般常采用阿基米德原理来测量其密度。

阿基米德原理指出：浸在液体中的物体受到一个向上的浮力，其大小等于物体所排开液体的重力。利用电子秤分别称得固体在空气中和在液体中的重力分别记为 W_a 和 W'_a，如果忽略空气的浮力，已知液体的密度为 $\rho_水$，则该固体的密度即为

$$\rho = \frac{W_a \rho_水}{W_a - W'_a} \tag{2-3}$$

此式是用阿基米德原理测量固体密度的基本公式。

2．公式的修正

（1）温度引起的修正

因为液体的密度与温度有关，故须考虑液体温度对实验结果的影响。本实验采用的液

体是水，室温下水的密度 $\rho_{水}$可由本节资源 2-1 的列表查得。温度每变化一度，蒸馏水的密度约改变 0.02%。

（2）空气浮力引起的修正

1cm³ 的空气质量取决于环境的温度、湿度和大气压，一般可近似认为等于 1.2mg。如一固体在空气中被称重，则应考虑空气的浮力，它会对测量结果的千分位产生影响。

考虑到空气浮力，式（2-3）将被修正为

$$\rho = \frac{W_{\mathrm{a}} \cdot (\rho_{水} - \rho_{\mathrm{a}})}{W_{\mathrm{a}} - W_{\mathrm{a}}'} + \rho_{\mathrm{a}} \tag{2-4}$$

式中，ρ_{a} 是空气的密度。温度为 20℃，大气压为 1.013 25×10⁵Pa 时空气的密度为 $\rho_{\mathrm{a}}=0.012\mathrm{g/cm}^3$。

（3）浸入深度引起的修正

由于固体须浸入液体中进行测量，这将导致液面有微弱的上升，故载物筐和连接金属丝将被液体浸没得更深，从而产生额外的浮力。该浮力与水槽的直径及连接金属丝的直径有关。考虑浸入深度引起的修正时，式（2-4）将被进一步修正为

$$\rho = \frac{W_{\mathrm{a}} \cdot (\rho_{水} - \rho_{\mathrm{a}})}{(W_{\mathrm{a}} - W_{\mathrm{a}}') \cdot \left(1 - 2\dfrac{d^2}{D^2}\right)} + \rho_{\mathrm{a}} \tag{2-5}$$

其中，d 为连接金属丝的直径，D 为盛放液体的水槽直径。

（4）液体黏滞力的影响

当载物筐放入水中时，由于水和金属之间有黏滞力，所以水会沿着载物筐的连接金属丝上升，这也会导致测量误差，实验中该误差一般可忽略。

（5）气泡的影响

当固体放入水中后，固体表面形成的气泡同样会产生测量误差。一个直径为 0.5mm 大小的气泡会产生约 0.1mg 的浮力；直径为 1mm 大小的气泡会产生约 0.5mg 的浮力；直径为 2mm 大小的气泡会产生约 4.2mg 的浮力。大的气泡在测量前必须除去，小的气泡可根据以上参数估算后扣除。

实验装置

压阻力敏传感器及支架（感量 0.1g，量程 100g），毫伏表，有机玻璃容器，水银温度计，载物筐（砝码盘），标准砝码，待测样品（黄铜、不锈钢、铝、有机玻璃和紫铜）等。

固体密度测量装置示意图见图 2-1。

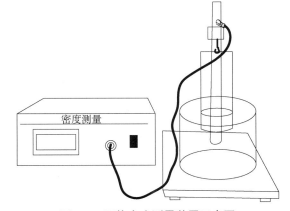

图 2-1　固体密度测量装置示意图

实验内容

1．利用阿基米德原理测量固体密度

（1）电子秤的定标

本实验专用电子秤是由压阻力敏传感器、支架、毫伏表组成的，由于压阻力敏传感器的灵敏度不尽相同，在实验前应先将其定标，步骤如下：

① 航空插头缺口向下连接仪器上传感器插孔，打开仪器电源开关，预热 10min，同时调节传感器簧片水平。

② 在传感器簧片的小钩上，挂上载物筐（砝码盘），此时记下仪器毫伏表读数，作为实验初始读数（一般不需要清零）。

③ 将 7 个 10g 的标准砝码逐个放入载物筐，每加一个砝码记录毫伏表相应的读数。

④ 用逐差法计算电子秤的灵敏度：

$$K = \frac{1}{4 \times 40g} \sum_{i=1}^{4} (V_{mi} - V_{ni}) \tag{2-6}$$

式中，K 为电子秤的灵敏度，V_{mi}、V_{ni} 为从没有砝码到每放入一个砝码后毫伏表的读数（逐差法），灵敏度单位为 mV/g。

（2）用标定好的专用电子秤测量被测样品在空气中的重力 W_a。

被测样品包括黄铜、不锈钢、铝、有机玻璃和紫铜。

（3）测量被测样品在水中的重力 W'_a

① 把空的载物筐浸入水槽中，称出此时载物筐的重量对应毫伏表读数（仍作为初始读数）。

② 接着逐个把 5 个待测样品放到载物筐中，分别称出载物筐完全浸入时的毫伏表读数，浮力 $f=W_a-W'_a$。

（4）利用公式（2-3）计算出该物体的密度。

2．测量规则固体的密度

① 利用游标卡尺和螺旋测微器分别测量出被测样品的几何尺寸。

② 将被测样品放入载物筐，称出该物体的重力。

③ 计算出该物体体积并用式（2-2）计算该物体的密度，记录测量数据并计算测量结果。

思考题

1. 不同温度下水的密度为何不同？

2. 如何测量可溶性物质的密度？

3. 如何减小各种因素对实验的影响？

操作导引

资源 2-1：水在一定温度下的密度

2.2　气垫导轨上的力学实验

气垫导轨是一种阻力极小的力学实验装置，它利用气源将压缩空气打入导轨型腔，再由导轨表面上的小孔喷出气流，在导轨与滑行器之间形成很薄的气膜，将滑行器浮起，并使滑行器能在导轨上做近似无阻力的直线运动。

气垫导轨表面小孔喷出的压缩空气将滑行器浮起，使运动时的接触摩擦阻力大为减小，从而可以进行一些较为精确的定量研究。工业上利用气垫技术，还可以减少机械或器件的磨损，延长使用寿命，提高速度和机械效率。所以，气垫技术在机械、纺织、运输等工业生产中得到广泛应用，如气垫船、空气轴承、气垫输送线等。

利用气垫导轨可以实现的实验项目有很多，主要有：

① 测定匀加速直线运动的速度，并验证匀加速直线运动公式；
② 验证动量定理和动量守恒定律；
③ 验证机械能守恒定律；
④ 弹簧振子的运动规律；
⑤ 受迫振动——振子质量与共振、频率和振幅的关系；
⑥ 物体在液体中的运动；
⑦ 可变质量的牛顿第二定律。

实验目的

1. 熟悉气垫导轨和数字计时器的使用方法；
2. 学会测量滑块速度和加速度的方法；
3. 研究力、质量和加速度之间的关系，通过测量滑块加速度验证牛顿第二定律；
4. 观察弹性碰撞和完全非弹性碰撞现象，验证碰撞过程中动量守恒和机械能守恒定律。

实验装置

1．导轨部分

导轨是用一根平直、光滑的三角形铝合金制成，固定在一根刚性较强的钢梁上。导轨长为 1.5m，轨面上均匀分布着孔径为 0.6mm 的两排喷气小孔，导轨一端封死，另一端装有进气嘴。气泵将压缩空气送入空腔管后，再由小孔高速喷出，托起滑行器，滑行器漂浮的高度视气流大小及滑行器重量而定。为了避免碰伤，导轨两端及滑轨上都装有弹射器。在导轨上安放滑块，在导轨下装有调节水平用的底脚螺丝和用于测量光电门位置的标尺。双脚端的螺钉用来调节轨面两侧线高度，单脚端螺钉用来调节导轨水平。或者将不同厚度的垫块放在导轨底脚螺钉下，以得到不同的斜度。滑轮和砝码用于对滑行器施加外力，整个导轨通过一系列直立的螺杆安装在口字形铸铝梁上。气垫导轨如图 2-2 所示。

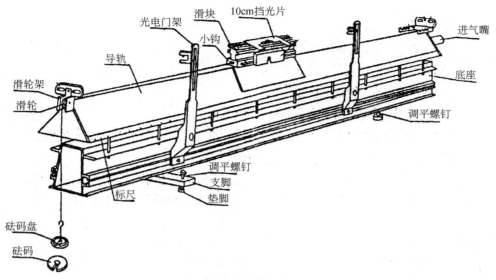

图 2-2　气垫导轨

2．滑块

滑块是导轨上的运动物体，是由长 0.100～0.300 米的角铝做成的。其角度经过校准，内表面经过细磨，与导轨的两个上表面很好吻合。当导轨的喷气小孔喷气时，在滑块和导轨之间形成一层厚 0.05～0.20mm 流动的空气薄膜——气垫（气垫厚度由滑块重量确定）。这层薄膜就成为极好的润滑剂，这时虽然还存在气垫对滑块的黏滞阻力和周围空气对滑块的阻力，但这些阻力和通常接触摩擦力相比，是微不足道的，它消除了导轨对运动物体（滑块）的直接摩擦，因此滑块可以在导轨上作近似无摩擦的直线运动。

滑块中部的上方水平安装着挡光片（见图 2-3 所示的光电测量系统），与光电门和计时器相配合，测量滑块经过光电门的时间或速度。滑块上还可以安装配重块（即金属片，用以改变滑块的质量）、尼龙扣、弹射器及弹簧片等附件，用于完成不同的实验。滑块必须保持其纵向及横向的对称性，使其质心位于导轨的中心线且越低越好，至少不宜高于碰撞点。

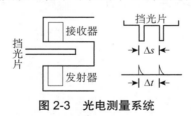

图 2-3　光电测量系统

3．气源

气源为专用气泵，用气管与导轨连接。

4．光电测量系统

光电测量系统由光电门和光电计时器组成，其结构和测量原理如图 2-3 所示。当滑块从光电门旁经过时，安装在其上方的挡光片穿过光电门，从光电门发射器发出的红外光被挡光片遮住而无法照到接收器上，此时接收器产生一个脉冲信号。在滑块经过光电门的整个过程中，挡光片两次遮光，则接收器共产生两个脉冲信号，计时器测出这两个脉冲信号之间的时间间隔 Δt，它的作用与秒表相似。第一次挡光相当于开启秒表（开始计时），第二次挡光相当于关闭秒表（停止计时）。但这种计时方式比手动秒表所产生的系统误差要小得多，光电计时器显示的精度也比秒表高得多。如果预先确定了挡光片的宽度，即挡光片两翼的间距 Δs，则可求得滑块经过光电门的速度 $v = \Delta s / \Delta t$。

实验原理

1．速度、加速度的测量原理

如果两个挡光杆轴线之间的距离为 ΔL，两个挡光杆通过光电门的时间为 Δt，可以计算出滑块通过光电门的平均速度 $\bar{v}$ 为

$$\bar{v} = \frac{\Delta L}{\Delta t} \tag{2-7}$$

由于 ΔL 比较小（1cm 左右），在 ΔL 范围内滑块的速度变化很小，所以可把 $\bar{v}$ 看做滑块经过光电门的瞬时速度 v。

设在导轨上相距为 L 的两处安放两光电门 K_1 和 K_2，滑块滑过第一个光电门的初速度为 $v_1 = \Delta L / \Delta t_1$，滑块滑过第二个光电门的末速度为 $v_2 = \Delta L / \Delta t_2$，则滑块的加速度为

$$a = \frac{v_2 - v_1}{\Delta t} \tag{2-8}$$

或

$$a = \frac{v_2^2 - v_1^2}{2L} = \frac{\Delta L^2}{2L}\left(\frac{1}{\Delta t_2^2} - \frac{1}{\Delta t_1^2}\right) \tag{2-9}$$

2．验证牛顿第二运动定律实验原理

按照牛顿第二定律，对于一定质量 M 的物体，其所受的合外力 $\vec{F}$ 与获得的加速度 $\vec{a}$ 有如下关系：

$$\vec{F} = M\vec{a} \tag{2-10}$$

验证此定律可分为两步：

① 验证物体的质量 M 一定时，其所受合外力 $\vec{F}$ 和物体的加速度 $\vec{a}$ 成正比；

② 验证合外力 $\vec{F}$ 一定时，物体的加速度 $\vec{a}$ 的大小和其质量 M 成反比。

用气垫导轨验证牛顿第二定律有两种方法：利用砝码施加外力；利用倾斜的导轨平面，即利用重力的分力施加外力。

（1）利用砝码施加外力

实验系统如图 2-4 所示，水平放置的质量为 m_2 的滑块和质量为 m_1 的砝码用一轻质细线通过半径为 R 定滑轮，忽略滑块与气轨之间、滑轮与轴承之间的摩擦力以及细线的质量，且细线与滑轮之间无滑动。

设滑轮 C 与滑块 m_2 之间绳的张力为 T_2，滑轮 C 与砝码 m_1 之间绳的张力为 T_1，滑块 m_2 的加速度为 a。设滑轮的转动惯量为 I，角加速度为 β，由转动定律和牛顿第二定律有

$$(T_1 - T_2)R = I\beta \tag{2-11}$$

$$T_2 = m_2 a, \quad T_1 = m_1 g - m_1 a \tag{2-12}$$

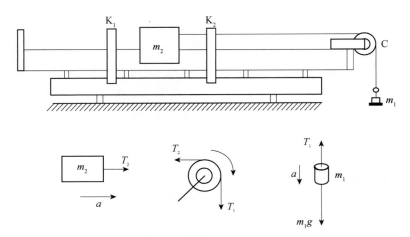

图 2-4 利用砝码施加外力

可得到加速度的理论值为

$$a_{理} = \frac{m_1}{m_1 + m_2 + \dfrac{I}{R^2}} g \qquad (2\text{-}13)$$

对轻质滑轮，其转动惯量可以略去不计，则加速度的理论值简化为

$$a_{理} = \frac{m_1}{m_1 + m_2} g \qquad (2\text{-}14)$$

实验中滑块质量用天平称量，加速度按下述方法测量：在导轨上相距为 L 的两处安放两光电门 K_1 和 K_2，测出运动系统在砝码的重力 m_1g 作用下，滑块上挡光片经过两个光电门的时间间隔 Δt_1 和 Δt_2，则由式（2-9）可得出滑块加速度的测量值 $a_{实}$。

（2）导轨倾斜，利用重力的分力施加外力

利用导轨一端的高度旋钮把导轨调成斜面，记录高度旋钮升高的高度 h，导轨有效长度 L 已知（$h \ll L$），利用 h 和 L 计算出导轨的倾斜角 θ。

$$\sin\theta \approx \tan\theta = \frac{h}{L}$$

设的滑块质量为 m_2，当滑块沿倾斜导轨下滑时，根据牛顿第二定律有

$$F = m_2 g \sin\theta = m_2 a$$

所以在当地重力加速度已知时，可得到加速度的理论值 $a_{理}$ 为

$$a_{理} = g \sin\theta = \frac{h}{L} g \qquad (2\text{-}15)$$

在导轨上相距为 L 的两处安放两光电门 K_1 和 K_2，测出滑块在合力 $F = m_2 g \sin\theta$ 作用下，滑块上挡光片经过两个光电门的时间间隔 Δt_1 和 Δt_2，同样由式（2-15）可得出系统加速度的测量值 $a_{实}$。

在上述两种测量方法中，如果将加速度的测量值 $a_{实}$ 作为理论值 $a_{理}$，还可由加速度的理论值 $a_{理}$ 的表达式（2-14）或式（2-15）确定当地的重力加速度 g。

3. 碰撞过程中动量守恒的测量原理

设两滑块的质量分别为 m_1 和 m_2，碰撞前的速度为 v_{10} 和 v_{20}，相碰后的速度为 v_1 和 v_2，

根据动量守恒定律有

$$m_1 v_1 + m_2 v_2 = m_1 v_{10} + m_2 v_{20} \tag{2-16}$$

测出两滑块的质量和碰撞前后的速度，就可验证碰撞过程中动量是否守恒。其中，v_{10} 和 v_{20} 是在两个光电门处的瞬时速度，如果取 $v = \Delta x / \Delta t$，Δt 越小此瞬时速度越准确。在实验中我们选宽度为 Δx 的挡光片，挡光片通过光电门的时间为 Δt，即有 $v_{10} = \Delta x / \Delta t_1$，$v_{20} = \Delta x / \Delta t_2$。

（1）完全弹性碰撞

两滑块的相碰端装有缓冲弹簧，它们的碰撞可以看成是弹性碰撞。在碰撞过程中除了动量守恒外，它们的动能完全没有损失，也遵守机械能守恒定律，有

$$\frac{1}{2} m_1 v_1^2 + \frac{1}{2} m_2 v_2^2 = \frac{1}{2} m_1 v_{10}^2 + \frac{1}{2} m_2 v_{20}^2 \tag{2-17}$$

则由式（2-16）、式（2-17）得到

$$v_1 = \frac{(m_1 - m_2) v_{10} + 2 m_2 v_{20}}{m_1 + m_2} \tag{2-18}$$

$$v_2 = \frac{(m_2 - m_1) v_{20} + 2 m_1 v_{10}}{m_1 + m_2} \tag{2-19}$$

若两个滑块质量相等，$m_1 = m_2 = m$，且令 m_2 碰撞前静止，即 $v_{20} = 0$。则由式（2-18）、式（2-19）得到

$$v_1 = 0，\quad v_2 = v_{10}$$

即两个滑块将彼此交换速度。

若两个滑块质量不相等，$m_1 \neq m_2$，仍令 $v_{20} = 0$，则有

$$v_1 = \frac{m_1 - m_2}{m_1 + m_2} v_{10}，\quad v_2 = \frac{2 m_1}{m_1 + m_2} v_{10} \tag{2-20}$$

当 $m_1 > m_2$ 时，两滑块相碰后，二者沿相同的速度方向（与 v_{10} 相同）运动；当 $m_1 < m_2$ 时，二者相碰后运动的速度方向相反，m_1 将反向，速度应为负值。

（2）完全非弹性碰撞

将两滑块上的缓冲弹簧取去，在滑块的相碰端装上尼龙扣。相碰后尼龙扣将两滑块扣在一起，具有同一运动速度，即 $v_1 = v_2 = v$。仍令 $v_{20} = 0$，则有

$$m_1 v_{10} = (m_1 + m_2) v$$

所以

$$v = \frac{m_1}{m_1 + m_2} v_{10}$$

当 $m_1 = m_2$ 时

$$v = \frac{1}{2} v_{10}$$

即两滑块扣在一起后，质量增加一倍，速度为原来的一半。

实验内容

1．气垫导轨水平调节

（1）静态调节法

打开气泵给导轨通气，将滑块放在导轨中间位置，观察滑块向哪一端移动，就说明那一端低。调节导轨底脚螺丝直至滑块保持不动或者稍有滑动但无一定的方向性为止。原则上，应把滑块放在导轨上几个不同的地方进行调节。如果发现把滑块放在导轨上某点的两侧时，滑块都向该点滑动，则表明导轨本身不直，并在该点处下凹（这属于导轨的固有缺欠，本实验条件无法继续调整）。这种方法只作为导轨的初步调平。

（2）动态调节法

轻拨滑块使其在导轨上滑行，两光电门之间的距离一般应在 50～70cm 之间，使滑块依次通过两个光电门，测出滑块通过两光电门的时间 Δt_1 和 Δt_2 ，Δt_1 和 Δt_2 相差较大则说明导轨不水平。要求滑块通过两个光电门的时间 Δt_1 和 Δt_1 相对差异小于 1%。否则应继续调节导轨底脚螺丝，直至达到要求。

由于空气阻力的存在，即使导轨完全水平，滑块也是在做减速运动，即 $\Delta t_1 < \Delta t_2$ ，所以不必使二者相等。

2．测量加速度、验证牛顿第二运动定律

（1）加速度的测量

在气垫导轨上，设置两个光电门间距为 L ，在滑块上装开口挡光片，设两个挡光杆轴线之间的距离为 ΔL 。使受到水平恒力作用的滑块依次通过这两个光电门，计数器可以显示出滑块分别通过这两个光电门的时间 Δt_1 、 Δt_2 及通过两光电门的时间间隔 Δt 。由 $v_1 = \Delta L/\Delta t_1 , v_2 = \Delta L/\Delta t_2$ 分别计算出滑块通过两光电门的平均速度 v_1 和 v_2 ，再由式（2-9）计算出滑块的加速度 $a_{实}$ 。重复测量三次取平均值 $\bar{a}$ ，计算理论值 $a_{理}$ ，比较 $\bar{a}$ 与 $a_{理}$ ，计算相对误差。

（2）验证牛顿第二定律

根据牛顿第二定律 $\vec{F} = M\vec{a}$ 可知，验证此定律可分为两步，即物体质量一定时和外合力一定时的验证。作 $F-a$ 图，根据图形说明比例关系，验证牛顿第二定律。

3．验证动量守恒定律

安装好光电门，光电门指针之间的距离约为 $50\,\mathrm{cm}$ 。导轨通气后，调节导轨水平，使滑块做匀速直线运动。计数器处于正常工作状态，设定挡光片宽度为 $1.0\mathrm{cm}$ ，功能设定在"碰撞"位置。调节天平，称出两滑块的质量 m_1 和 m_2 。

（1）完全弹性碰撞

两滑块的相碰端装有缓冲弹簧，它们的碰撞可以看成是弹性碰撞。在碰撞过程中除了动量守恒外，它们的动能完全没有损失，也遵守机械能守恒定律。实验分两步进行：

① 在两滑块质量相同 $(m_1 = m_2 = m)$ ，滑块 2 静止 $(v_{20} = 0)$ 的条件下，测量碰前滑块 1 的速度 v_{10} 和动量 $p_0 = m_1 v_{10}$ 及碰后滑块 2 的速度 v_2 与动量 $p_2 = m_2 v_2$ ，并计算碰撞前后动量的百分偏差，连测三次。

② 在两滑块质量不同 $(m_1 \neq m_2)$，滑块 2 静止 $(v_{20} = 0)$ 的条件下，测量碰前滑块 1 的速度 v_{10} 和动量 $p_0 = m_1 v_{10}$ 及碰后滑块 1、滑块 2 的速度 v_1、v_2 与总动量 $p = m_1 v_1 + m_2 v_2$，并计算碰撞前后动量的百分偏差，连测三次。

（2）完全非弹性碰撞

将两滑块上的缓冲弹簧取去，在滑块的相碰端装上尼龙扣。相碰后尼龙扣将两滑块扣在一起，具有同一运动速度。在碰撞过程中动量守恒，但它们机械能不守恒。实验分两步进行：

① 在两滑块质量相同 $(m_1 = m_2 = m)$，滑块 2 静止 $(v_{20} = 0)$ 的条件下，测量碰前滑块 1 的速度 v_{10} 和动量 $p_0 = m_1 v_{10}$ 及碰后滑块 1 与滑块 2 共同的速度 v 与总动量 $p = (m_1 + m_2)v$，并计算碰撞前后动量的百分偏差，连测三次。

② 在两滑块质量不同 $(m_1 \neq m_2)$，滑块 2 静止 $(v_{20} = 0)$ 的条件下，测量碰前滑块 1 的速度 v_{10} 和动量 $p_0 = m_1 v_{10}$ 及碰后滑块 1 与滑块 2 共同的速度 v 与总动量 $p = (m_1 + m_2)v$，并计算碰撞前后动量的百分偏差，连测三次。

思考题

1. 在利用砝码施加外力验证牛顿第二定律时，为何将减去的砝码放在滑块上？

2. 利用气轨设计一种测量重力加速度的方法，写出实验的步骤及计算公式（提示：将气轨的一端垫高 h）。

3. 为了验证动量守恒，在本实验操作上如何来保证实验条件、减小测量误差？

操作导引

资源 2-2：气垫导轨上的动力学实验

2.3 刚体转动惯量的测量

转动惯量是表征物体在转动中惯性大小的物理量，其数值大小决定于物体的质量、质量分布和转轴的位置。测量特定物体的转动惯量对某些研究工作具有重要意义，如研究炮弹飞行、飞机机动飞行、飞轮设计、发动机叶片及卫星外形设计等，特别是对形状复杂不便于计算的物体。测量刚体绕定轴的转动惯量有多种方法，如用扭摆、三线摆、转动惯量实验仪等。本实验用转动惯量实验仪。

实验目的

1. 学会用转动惯量实验仪测定刚体的转动惯量；

2. 验证刚体的转动定律；

3. 练习用作图法分析实验结果。

实验装置

刚体转动惯量实验仪如图 2-5 所示。

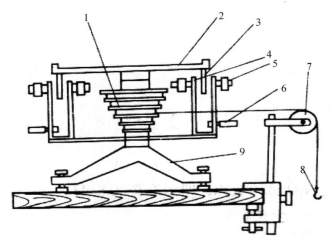

图 2-5　刚体转动惯量实验仪

1—塔轮；2—承物台；3—遮光细棒；4，5—光电门；6—光电插座；7—定滑轮；8—砝码钩；9—底座

实验原理

根据转动定律，绕定轴转动的刚体，其角加速度的大小与合外力矩成正比，而与刚体的转动惯量成反比，即

$$M = J\beta \tag{2-21}$$

式中，M——合外力矩；J——刚体系的转动惯量；β——角加速度。

按本实验装置，M 包括两个方面：一是绳子的张力 T 产生的力矩 Tr（r 为塔轮半径），二是转轴的摩擦力距 M_μ，即

$$M = Tr - M_\mu \tag{2-22}$$

假设：定滑轮上的摩擦力忽略不计；细绳的质量忽略不计；细绳受力后不伸长；砝码下降的匀加速度 $a = g$，则有

$$T = m(g - a) \approx mg \tag{2-23}$$

$$mgr - M_\mu = J\beta = (J_0 + J_x)\beta \tag{2-24}$$

其中，m 为砝码质量，r 为塔轮半径，J_0 为仪器空载时承物台、塔轮、转轴及滑轮的转动惯量，J_x 为待测物体的转动惯量。

由式（2-24）可以看出，测定转动惯量 J_x 的关键是测定角加速度 β、摩擦力矩 M_μ 和仪器空载时的转动惯量 J_0。将待测物体放在承物台上，砝码绳绕于选定的塔轮半径上，把质量为 m 的砝码挂在砝码钩上，用通用计算机式毫秒计测定物体转动不同转角 θ_1、θ_2 时所需的时间 t_1、t_2。由于砝码绕过定滑轮后自由下落，由转动方程有

$$\theta = \omega_0 t + \frac{1}{2}\beta t^2 \tag{2-25}$$

可得

$$\theta_1 = \omega_0 + \frac{1}{2}\beta t_1^2 \qquad (2\text{-}26)$$

$$\theta_2 = \omega_0 + \frac{1}{2}\beta t_2^2 \qquad (2\text{-}27)$$

进而得到角加速度的计算公式为

$$\beta = \frac{\theta_2 t_1 - \theta_1 t_2}{t_2^2 t_1 - t_1^2 t_2} \qquad (2\text{-}28)$$

如果测出砝码绳脱离塔轮，或不加砝码时体系作匀减速转动转过 θ_1'、θ_2' 角相应的时间 t_1'、t_2'，可根据式（2-28）算出摩擦力矩 M_μ 产生的角加速度 β'（取绝对值）。由式（2-22）得

$$mgr - M_\mu = J\beta \qquad (2\text{-}29)$$

而

$$M_\mu = J\beta' \qquad (2\text{-}30)$$

得到求转动惯量的公式

$$J = J_0 + J_x = \frac{mgr}{\beta + \beta'} \qquad (2\text{-}31)$$

其中，J_0 的求法同上。

求出 J_0 以后，即可求出 J_x。

如果把刚体由静止开始转动作为计时的零时刻 $\omega_0 = 0$，根据转动方程，则有

$$\theta = \frac{1}{2}\beta t^2 \qquad (2\text{-}32)$$

$$\beta = \frac{2\theta}{t^2} \qquad (2\text{-}33)$$

再由转动定律写出方程

$$mgr = J\beta + M_\mu \qquad (2\text{-}34)$$

用测得的 mgr，t 数据，作 $M - \beta$ 曲线，此曲线应是一条直线，求出直线的斜率和截距，便可求出转动惯量和摩擦力矩 M_μ、J_0。J_0 可用 $J - \frac{1}{\beta}$ 曲线求得。

实验内容

（1）旋转调平螺钉，使实验仪承物台处于水平位置。

（2）用接线连接实验仪和毫秒计，打开毫秒计的电源开关。

（3）测量空载时转动惯量 J_0。

选择塔轮半径，将砝码绳单层（不重叠）地绕在塔轮上，所绕的圈数应大于 10 圈，砝码绳的另一端通过滑轮悬挂砝码，按毫秒计的使用方法将其调在待计时状态，放手后塔轮开始转动。

① 观察毫秒计的计时现象，记录物体做匀加速转动过程中遮光棒通过光电门的两个次数 n_1、n_2 和对应的时间 t_1、t_2，砝码落地时的 n_3、t_3，以及砝码绳脱离塔轮后物体做匀减

速转动过程中的两个次数 n_4、n_5 和对应的时间 t_4、t_5。

② 将测量数据代入公式（2-28）和（2-33）计算物体做匀加速转动和匀减速转动时的角加速度，再根据角加速度算出空载时的转动惯量。

③ 改变塔轮半径和砝码的质量，同上述方法，重复测量两次，将三次测量结果求平均作为仪器空载时转动惯量的测量值。

注意：砝码脱离塔轮后应让其继续转动，因为物体将在摩擦力距作用下做匀减速转动。

（4）测量总转动惯量 J。

将待测刚体放在载物台上，实验步骤同上，测量总的转动惯量 J。

思考题

1. 塔轮转动的快慢及砝码的大小对转动惯量的测量有何影响？

2. 分析哪些因素对转动惯量的测量有影响，如何改进？

操作导引

资源 2-3：用转动惯量仪测量刚体的转动惯量

2.4 金属杨氏模量的测量

材料受力后发生形变，在弹性限度内，材料的胁强与胁变（即相对形变）之比为一常数，称为弹性模量。条形物体（如钢丝）沿纵向的弹性模量叫杨氏模量。测量杨氏模量有拉伸法、梁的弯曲法、振动法和内耗法等。本实验分别介绍拉伸法测量金属丝的杨氏模量和弯曲法测量黄铜的杨氏模量。

实验目的

1. 掌握一种测量金属杨氏模量的原理和方法；

2. 学习用逐差法处理数据并用拉伸法测量钢丝的杨氏模量；

3. 学习霍尔位置传感器的定标方法并用弯曲法测量黄铜的杨氏模量。

实验装置

① 拉伸法测量杨氏模量装置如图 2-6 所示。

② 弯曲法测量杨氏模量测量仪主体装置如图 2-7 所示。

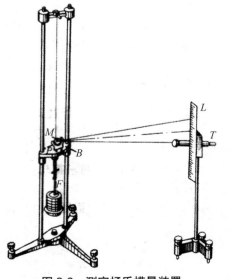

图 2-6 测定杨氏模量装置

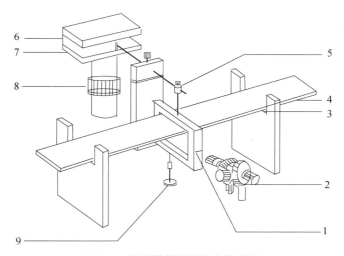

图 2-7　杨氏模量测量仪主体装置

1—铜刀口上的基线；2—读数显微镜；3—刀口；4—横梁；5—铜杠杆；

6—磁铁盒；7—磁铁（N 极相对放置）杆；8—调节架；9—砝码

实验原理

1．拉伸法测量杨氏模量原理

设细钢丝的原长 l，横截面积为 S，沿长度方向施力 F 后，其长度改变 Δl，则细钢丝上各点的应力为 F/S，应变为 $\Delta l/l$。根据胡克定律，在弹性限度内有

$$\frac{F}{S} = E \cdot \frac{\Delta l}{l} \tag{2-35}$$

则

$$E = \frac{F/S}{\Delta l/l} \tag{2-36}$$

比例系数 E 即为杨氏弹性模量，在国际单位制中其单位为牛［顿］/米^2，记为 N/m^2。

通过分析知，作用力可由实验中钢丝下端所挂砝码的重量来确定，钢丝原长（起始状态）可由米尺测量，其的横截面积 S 可先用螺旋测微计测出钢丝直径 d 后利用下式计算出

$$S = \frac{\pi d^2}{4} \tag{2-37}$$

现在的问题是如何测量 Δl？用米尺测量准确度太低，用游标卡尺和螺旋测微计呢？测量范围又不够（在此实验中 $F=mg$，当砝码质量 m 每变化 1kg 时，相应的 Δl 约为 0.3mm）。因此，本实验设计利用光杠杆的光学放大作用实现对钢丝微小伸长量 Δl 的间接测量。利用光杠杆的光学放大原理（见 2.5 小节金属热膨胀系数的测量）有

$$\Delta l = \frac{K}{2D} \Delta x = \frac{K}{2D}\left(x_i - x_0\right) \tag{2-38}$$

将式（2-37）和式（2-38）代入式（2-36），有

$$E = \frac{8lD}{\pi d^2 K} \cdot \frac{F}{\Delta x} \tag{2-39}$$

通过上式便可算出杨氏模量 E。

2．弯曲法测量固体材料杨氏模量原理

在横梁发生微小弯曲时，梁中存在一个中性面，中性面上部分发生压缩，中性面下部分发生拉伸。所以整体说来，可以理解横梁发生长变，即可以用杨氏模量来描写材料的性质。

如图 2-8 所示，虚线表示弯曲梁的中性面，易知其既不拉伸也不压缩，取弯曲梁长为的一小段 dx。设其曲率半径为 $R(x)$，所对应的张角为 $d\theta$，再取中性面上部距离为 y、厚度为 dy 的一层面为研究对象，那么，梁弯曲后其长变为 $(R(x)-y) \cdot d\theta$，所以变化量为

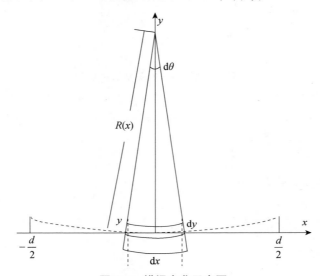

图 2-8　横梁弯曲示意图

$$(R(x)-y) \cdot d\theta - dx$$

又

$$d\theta = \frac{dx}{R(x)}$$

所以

$$(R(x) - y) \cdot d\theta - dx = (R(x) - y)\frac{dx}{R(x)} - dx = -\frac{y}{R(x)}dx$$

应变为

$$\varepsilon = -\frac{y}{R(x)}$$

根据胡克定律有

$$\frac{dF}{dS} = -Y\frac{y}{R(x)}$$

又

$$dS = b \cdot dy$$

所以

$$\mathrm{d}F(x) = -\frac{Y \cdot b \cdot y}{R(x)}\mathrm{d}y$$

对中性面的转矩为

$$\mathrm{d}\mu(x) = |\,\mathrm{d}F\,| \cdot y = \frac{Y \cdot b}{R(x)}y^2 \cdot \mathrm{d}y$$

积分得

$$\mu(x) = \int_{-\frac{a}{2}}^{\frac{a}{2}} \frac{Y \cdot b}{R(x)}y^2 \cdot \mathrm{d}y = \frac{Y \cdot b \cdot a^3}{12 \cdot R(x)} \tag{2-40}$$

对梁上各点，有

$$\frac{1}{R(x)} = \frac{y''(x)}{[1 + y'(x)^2]^{\frac{3}{2}}}$$

因梁的弯曲微小 $y'(x) = 0$，所以有

$$R(x) = \frac{1}{y''(x)} \tag{2-41}$$

梁平衡时，梁在 x 处的转矩应与梁右端支撑力 $\dfrac{Mg}{2}$ 对 x 处的力矩平衡，所以有

$$\mu(x) = \frac{Mg}{2}\left(\frac{d}{2} - x\right) \tag{2-42}$$

根据式（2-40）、式（2-41）、式（2-42）可以得到

$$y''(x) = \frac{6Mg}{Y \cdot b \cdot a^3}\left(\frac{d}{2} - x\right)$$

据所讨论问题的性质，有边界条件 $y(0)=0$，$y'(0)=0$。解上面的微分方程得到

$$y(x) = \frac{3Mg}{Y \cdot b \cdot a^3}\left(\frac{d}{2}x^2 - \frac{1}{3}x^3\right)$$

将 $x = \dfrac{d}{2}$ 代入上式，得右端点的 y 值：

$$y = \frac{Mg \cdot d^3}{4Y \cdot b \cdot a^3}$$

又 $y = \Delta Z$，所以杨氏模量为

$$Y = \frac{d^3 \cdot Mg}{4a^3 \cdot b \cdot \Delta Z} \tag{2-43}$$

3．霍尔位置传感器工作原理

霍尔元件置于磁感强度为 B 的磁场中，在垂直于磁场方向通以电流 I，则与这二者相垂直的方向上将产生霍尔电位差 U_{H}

$$U_{\mathrm{H}} = K \cdot I \cdot B \tag{2-44}$$

式中，K 为元件的霍尔灵敏度。

如果保持霍尔元件的电流 I 不变，而使其在一个均匀梯度的磁场中移动时，则输出的霍尔电位差变化量为

$$\Delta U_{\mathrm{H}} = K \cdot I \cdot \frac{\mathrm{d}B}{\mathrm{d}Z} \cdot \Delta Z \tag{2-45}$$

式中，ΔZ 为位移量。此式说明若 $\frac{\mathrm{d}B}{\mathrm{d}Z}$ 为常数时，ΔU_{H} 与 ΔZ 成正比。

为实现均匀梯度的磁场（如图 2-9 所示），可以将两块相同的磁铁（磁铁截面积及表面磁感强度相同）相对放置，即 N 极与 N 极相对，两磁铁之间留一等间距间隙，霍尔元件平行于磁铁放在该间隙的中轴上。间隙大小要根据测量范围和测量灵敏度要求而定，间隙越小，磁场梯度就越大，灵敏度就越高。磁铁截面要远大于霍尔元件，以尽可能地减小边缘效应影响，提高测量精确度。

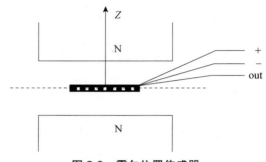

图 2-9　霍尔位置传感器

若磁铁间隙内中心截面处的磁感强度为零，霍尔元件处于该处时，输出的霍尔电位差应该为零。当霍尔元件偏离中心沿 Z 轴发生位移时，由于磁感强度不再为零，霍尔元件也就产生相应的电位差输出，其大小可以用数字电压表测量。由此可以将霍尔电位差为零时元件所处的位置作为位移参考零点。

霍尔电位差与位移量之间存在一一对应关系，当位移量较小（<2mm），这一对应关系具有良好的线性。

实验内容

1. 用拉伸法测量钢丝的杨氏模量

（1）调整杨氏模量仪

为了使金属丝处于铅直位置，调节杨氏模量仪三脚架的底座螺丝，使支架、细金属丝铅直，使平台水平。

（2）安放光杠杆

平面镜应竖直，两前脚放在平台前部的槽中，主脚放在钢丝下端的夹头上适当位置，不能接触钢丝，不要靠着圆孔边，也不要放在夹缝中。望远镜和标尺放在光杠杆镜前方约 1.5～2.0m 处。调节望远镜上下位置使它和光杠杆处于同一高度，调节望远镜三角支架的底脚螺丝使望远镜大致水平，标尺大致铅直。

（3）调整望远镜

① 安放望远镜标尺架。标尺要竖直，望远镜应水平对准平面镜中部。微微移动标尺架，通过望远镜筒上的准心往平面镜中观察，到能看到标尺的像为止。

② 调整目镜至能看清镜筒中叉丝的像。

③ 调整物镜到能在望远镜中看见标尺的像，并使望远镜中的标尺刻度线的像与叉丝水平线的像重合。

④ 消除视差。眼睛在目镜处微微上下移动，如果叉丝的像与标尺刻度线的像出现相对位移，应重新微调目镜和物镜，直至消除为止。

（4）测量

① 加减砝码。记下开始时望远镜中标尺上的读数 x_0，先逐个加砝码，每加一个砝码，记录一次标尺的位置 x_i；然后依次减砝码，每减一个砝码，记下相应的标尺位置 x_i'，取同一荷重下两读数的平均值。

$$\overline{x_i} = \frac{x_i + x_i'}{2}, i = 0, 1, 2, \cdots, 7 \tag{2-46}$$

② 用米尺测量平面镜到标尺的距离 D。

③ 取下砝码，用米尺测出钢丝原长（两夹头之间部分）l。在钢丝上选不同部位及方向，用螺旋测微计测出其直径 d。

④ 取下光杠杆，在展开的白纸上同时按下三个尖脚的位置，用直尺作出光杠杆主脚到两前脚连线的垂线，再用游标卡尺测出光杠杆常数 K。

（5）数据处理

① 用逐差法处理数据，求 $\overline{\Delta x}$。

$$\overline{\Delta x} = \frac{1}{4}\left[(x_3 - x_0) + (x_4 - x_1) + (x_5 - x_2) + (x_6 - x_3)\right] \tag{2-47}$$

② 将所测数据代入式（2-39）计算杨氏模量，对测量的结果进行误差计算。

2．用弯曲法测量黄铜的杨氏模量

① 调节三位调节架上下前后的位置调节螺丝，使集成霍尔位置传感器探测元件位于磁铁的中间位置。

② 用水准器和底座螺丝观察并调节仪器水平。

③ 将一根黄铜架好，调节霍尔位置传感器的毫伏表。磁铁盒可调节上下的螺丝使磁铁上下移动，当毫伏表读数值很小时，停止调节固定螺丝，最后调节调零电位器使毫伏表读数为零。

④ 调节读数显微镜，使眼睛观察十字线和分划板刻度线及数字清晰；然后移动读数显微镜前后距离，使能清晰看到铜刀上的基线。转动读数显微镜的鼓轮使刀口架的基线与读数显微镜内十字刻度线吻合，记下初次读数值。

⑤ 逐步加上一定量的砝码，使梁弯曲产生位移 ΔZ。用测微目镜精确测量传感器信号输出端的数值 U 和固定砝码架的位置 Z，记录毫伏表的读数及测微目镜的读数，再逐步取出一定量的砝码，再次记录 U' 和 Z'，求出 U 和 Z 的平均值。

⑥ 测量黄铜样品的杨氏模量。用直尺测量横梁的长度 d，游标卡尺测量其宽度 b，千分尺测量其厚度 a，要求进行多次测量取平均的方法（5～6 次）。利用已经标定的数值，列出黄铜样品在重物作用下的位移。用逐差法数据进行处理，算出样品在砝码改变 $\Delta M = 60.00\text{g}$ 时产生的位移量 ΔZ，代入式（2-43）得到黄铜的杨氏模量 Y，对测量的结果

进行误差计算。

⑦ 运用作图法得到霍尔传感器的灵敏度 K，为测量其他材料的杨氏模量做准备。

思考题

1. 拉伸法测杨氏模量实验中，金属丝的长度 l 和直径 d 为什么采用不同的仪器测量，而且测量的次数也不相同？选用这些化仪器的原则是什么？

2. 拉伸法测杨氏模量实验中求时 Δx 为什么要用相隔三个砝码的读数差？

3. 弯曲法测杨氏模量实验，主要测量误差有哪些？请估算各因素的误差。

4. 用霍尔位置传感器法测量位移有什么优点？

操作导引

资源 2-4：拉伸法测量金属丝的杨氏模量

资源 2-5：20℃时金属的杨氏模量

2.5 金属热膨胀系数的测量

固体在温度改变时，都要产生膨胀或收缩，其变形虽小却能产生非常大的作用力。各种仪器、机器设备、建筑物通常用不同的固体材料制成，选择这些材料时必须考虑它们的膨胀和收缩性能。因此，在工程技术中固体的热胀系数是重要参数之一。本实验主要测量金属杆的线膨胀系数。

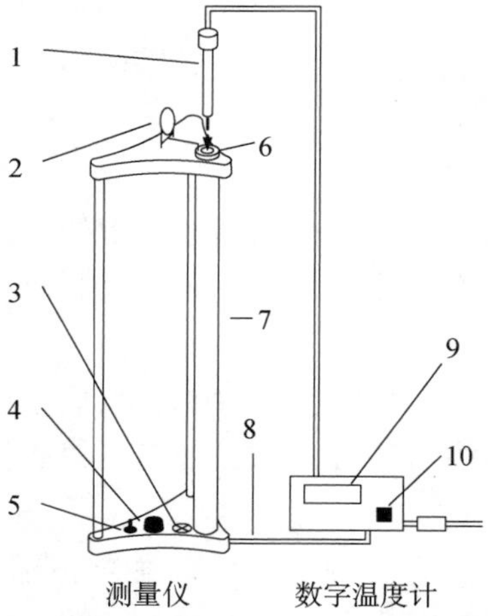

图 2-10 固体线膨胀系数测量仪与数字温度计

1—温度计；2—光杠杆；3—指示灯；4—加热调节旋钮；

5—测定仪开关；6—被测棒；7—加热器；8—电源线；

9—温度显示屏；10—数字温度计开关

实验目的

1. 掌握用光杠杆测量微小长度变化的方法；

2. 学会测量在一定温度区内的平均线膨胀系数。

实验装置

1. 固体线膨胀系数测量仪

固体线膨胀系数测量仪与数字温度计部分如图 2-10 所示。

2. 望远镜（附标尺）

计数望远镜由物镜、叉丝、目镜、套筒和镜筒构成，如图 2-11 所示。

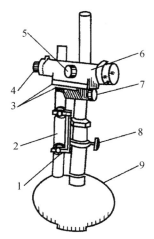

图 2-11　镜尺组结构图

1—毫米尺组；2—标尺；3—微调螺丝；4—视度圈；5—调焦手轮；

6—调焦望远镜；7，8—锁紧手轮；9—底座

3．光杠杆

光杠杆是一个带有可旋转的平面镜的支架，平面镜的镜面与三个足尖决定了平面垂直与否。使用时前足放在固定平台的凹槽内，其后足即杠杆的支脚与被测物接触。光杠杆结构图如图 2-12 所示。

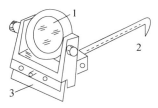

图 2-12　光杠杆结构图

1—平面镜；2—杠杆支脚；3—刀口

实验原理

1．物体的线膨胀系数测量原理

当固体的温度升高时，由于分子的热运动使固体原子或分子间的距离增大，结果就形成固体膨胀。固体受热而引起长度的增加称为"线膨胀"。设温度为 t_0 时，物体长度为 l_0，当该物体的温度为 t_i 时，其长度为

$$l_i = l_0[1 + \alpha(t_i - t_0)] \tag{2-48}$$

式中，α 为该物体的线膨胀系数。当温度变化不大时，α 是一个常量，其数值随固体的材料而异。为了进一步理解 α 的物理意义，可将式（2-48）改写成

$$\alpha = \frac{l_i - l_0}{l_0(t_i - t_0)} = \frac{\Delta l / l_0}{\Delta t} \tag{2-49}$$

由上式可看出 α 的物理意义是温度每升高 1℃时，物体的伸长量 Δl 与该物体在 t_0 时的

长度 l_0 之比。式中，Δl、l_0、Δt 等项都可在实验中测得，其中伸长量 Δl 的数值很小，不可能直接用毫米尺测量，本实验用光杠杆系统测量。

2．光杠杆的光学放大原理

当光杠杆上的杠杆支脚随被测物上升或下降微小距离 Δl 时，镜面法线转过一个 θ 角，而入射到望远镜的光线转过 2θ 角，如图 2-13 所示。当 θ 很小时，

$$\theta \approx \tan\theta = \Delta l / K \tag{2-50}$$

式中，K 为支脚尖到刀口的垂直距离（也叫光杠杆的臂长）。根据光的反射定律，反射角和入射角相等，故当镜面转动 θ 角时，反射光线转动 2θ 角，由图 2-13 可知

$$\tan 2\theta \approx 2\theta = \frac{\Delta x}{D} \tag{2-51}$$

式中，Δx 为从望远镜中观察到的标尺移动的距离。

由式（2-50）和式（2-51）可得到

$$\Delta l = \frac{K}{2D}\Delta x = \frac{K}{2D}\left(n_i - n_0\right) \tag{2-52}$$

式中，n_0——固体材料温度为 t_0 时望远镜中读出的数值；

n_i——固体材料温度为 t_i 时望远镜中读出的数值；

K——平面镜三足架后足到前两组连线的距离；

D——标尺到平面镜的距离；

$2D/K$——叫做光杠杆的放大倍数。

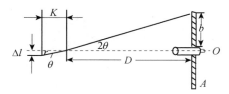

图 2-13 光杠杆原理图

实验内容

1．光杠杆的调节

① 将光杠杆的刀口放在平台的槽内，支脚放在管制器的槽内，调节刀口和支脚尖共面。

② 借助望远镜准星瞄准，调节放置光杠杆的平台与望远镜的相对位置，调节望远镜水平及光杠杆平面镜垂直，望远镜的目镜和光杠杆的平面镜等高，以使光杠杆镜面法线与望远镜轴线重合。

2．镜尺组的调节

如图 2-11 所示，调节望远镜、直尺和光杠杆三者之间的相对位置，使望远镜和反射镜处于同等高度，调节望远镜目镜视度圈 4，使目镜内分划板刻线（叉丝）清晰，用调焦手轮 5 调焦，使标尺像清晰。

3．线膨胀系数的测量

① 将被测棒取出，用米尺测量其长度 l_0，然后把被测棒慢慢放入孔中，直到被测棒接

触底面。

② 按照图 2-10 所示调整好实验器材，将光杠杆的后足架于被测棒的上端，将温度计插入到被测棒的孔内，调整好望远镜和光杠杆系统。

③ 打开数字温度计电源，记下温度 t_0 与相应的 n_0。

④ 打开测量仪电源，开始加热，试件温度将开始上升。每上升一定温度后读一次 n_i 和对应的 t_i（或每隔 10℃ 读 1 次），读 6～8 次。读数时要迅速而准确。

⑤ 到达一定温度后，停止加热，在降温的过程中，每下降一定温度后读一次 n_i 和对应的 t_i（或每隔 10℃ 读 1 次），读 6～8 次。

⑥ 在坐标纸上作 $(n_i - n_0) = f(t_i - t_0)$ 的直线，并求其斜率，计算出 α 值。

思考题

1. 用光杠杆法测量线膨胀量时，改变哪些量可以增大光杠杆的放大倍数？如何计算它的放大倍数？

2. 试分析哪一个量是影响本实验结果精度的主要因素？

3. 两根材料相同但粗细不同的金属棒，在同样的温度变化范围内，它们的线胀系数是否相同？膨胀量是否相同？

操作导引

资源 2-6：金属热膨胀系数的测量

2.6　气体比热［容］比的测量

比热［容］比是物质的重要参量，在研究物质结构、确定相变、鉴定物质纯度等方面起着重要的作用。气体比热［容］比测量的方法有好多种，常用有绝热膨胀法和简谐振动法。

实验目的

1. 选择一种测量方法测定空气的比热［容］比；
2. 观测热力学过程中状态变化及基本物理规律；
3. 学习气体压力传感器和电流型集成温度传感器的原理和使用方法。

实验装置

1．绝热膨胀法实验装置

本实验采用的 FD-NCD 型空气比热容比测定仪由扩散硅压力传感器、AD590 集成温度传感器、电源、容积为 1 000mL 左右玻璃瓶、打气球及导线等组成），其结构和连接方式如图 2-14 所示。

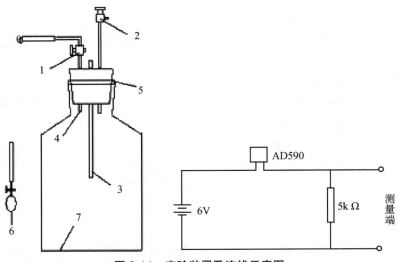

图 2-14 实验装置及连线示意图

1—进气活塞 C_1；2—放气活塞 C_2；3—AD590 温度传感器；4—气体压力传感器；

5—703 胶粘剂；6—充气球；7—储气瓶

2. 简谐振动法实验装置

FB212 型气体比热［容］比测量仪一套，其结构和连接方式如图 2-15 所示。

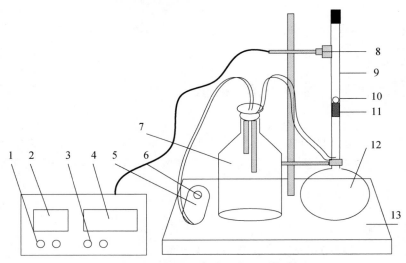

图 2-15 气体比热［容］比测量仪

1—周期数设置；2—周期数显示；3—复位及执行键；4—计时显示；5—空压机；6—气压调节器；7—储气瓶Ⅰ；

8—光电门；9—钢球简谐振动腔；10—不锈钢球；11—小弹簧；12—储气瓶Ⅱ；13—仪器底座

实验原理

1. 绝热膨胀法实验原理

理想气体定压摩尔热容量和定体摩尔热容量之间的关系由下式表示

$$C_p - C_v = R \qquad (2-53)$$

其中，R 为普适气体常数。

气体的比热［容］比 γ 定义为

$$\gamma = \frac{C_p}{C_v} \qquad (2-54)$$

气体的比热［容］比也称气体的绝热系数，它是一个重要的物理量，其值经常出现在热力学方程中。对于理想气体有

$$C_v = \frac{i}{2} R \qquad (2-55)$$

$$C_p = C_v + R = \frac{i+2}{2} R \qquad (2-56)$$

式中，R 为摩尔气体常数，$R = 8.31 \text{J/mol} \cdot \text{K}$。$i$ 为气体分子的自由度，对单原子气体（如氩气）只有三个平均自由度；双原子气体（如氢气）除上述 3 个平均自由度外还有 2 个转动自由度；对多原子气体，则具有 3 个转动自由度，比热容比 γ 与自由度 i 的关系为 $\gamma = \frac{i+2}{i}$。根据理论公式可以得到下面的结论，该数据与测试环境温度无关。

单原子气体（Ar，He）$i = 3$，$\gamma = 1.67$；

双原子气体（N_2，H_2，O_2）$i = 5$，$\gamma = 1.40$；

多原子气体（CO_2，CH_4）$i = 6$，$\gamma = 1.33$。

实验中首先打开放气阀，储气瓶与大气相通，再关闭放气阀，瓶内充满与周围空气同温同压的气体。设处于环境压强 p_0 及室温 T_0 下的空气状态称为状态 0（p_0，T_0）。

在关闭放气阀的状态下，打开进气阀，用充气球将一定量的气体压入储气瓶中，打气速度很快时，此过程可近似为一个绝热压缩过程，瓶内空气压强增大、温度升高。关闭进气阀，等待气体压强稳定后，此时达到的状态为 I（p_1，T_1）。随后，瓶内气体通过容器壁和外界进行热交换，温度逐步下降至室温 T_0，气体的温度与周围环境温度达到平衡。此时，达到的状态 II（p_2，T_0），这是一个等容放热过程。

迅速打开放气阀，使瓶内空气与外界大气相通，当压强降至 p_0 时立即关闭放气阀。此过程进行非常快时，可近似地为一个绝热膨胀过程，瓶内空气压强减小、温度降低。当气体压强稳定后，瓶内空气达到状态 III（p_0，T_2）。随后，瓶内空气通过容器壁和外界进行热交换，温度逐步回升至室温 T_0，达到状态 IV（p_3，T_0），这是一个等容吸热过程。整个过程可表示为

①　绝热压缩　0（p_0，T_0）→ I（p_1，T_1）；

②　等容放热　I（p_1，T_1）→ II（p_2，T_0）；

③　绝热膨胀　II（p_2，T_0）→ III（p_0，T_2）；

④　等容吸热　III（p_0，T_2）→ IV（p_3，T_0）。

其中，过程①、②对测量 γ 没有直接影响。这两个过程的目的是获取温度等于环境温度 T_0 的压缩空气，同时可以观察气体在绝热压缩过程及等容放热过程中的状态变化，对测量结果有直接影响的是③、④两个过程。

过程③是一个绝热膨胀过程，满足理想气体绝热方程

$$\left(\frac{p_2}{p_0}\right)^{\gamma-1} = \left(\frac{T_2}{T_0}\right)^{-\gamma} \tag{2-57}$$

过程④是一个等容吸热过程，满足理想气体状态方程

$$\frac{p_0}{p_3} = \frac{T_2}{T_0} \tag{2-58}$$

将式（2-58）代入式（2-57），消去 $\frac{T_2}{T_0}$ 可得

$$\left(\frac{p_2}{p_0}\right)^{\gamma-1} = \left(\frac{p_0}{p_3}\right)^{-\gamma} \tag{2-59}$$

两边取对数，得

$$(\gamma-1)\lg\frac{p_2}{p_0} = -\gamma\lg\frac{p_0}{p_3} \tag{2-60}$$

整理得

$$\gamma = \frac{\lg p_2 - \lg p_0}{\lg p_2 - \lg p_3} \tag{2-61}$$

根据式（2-61），只要测出环境压强 p_0、瓶内气体在绝热膨胀前的压强 p_2 及放气后经等容吸热回升至室温时的压强 p_3，即可计算出空气的比热〔容〕比 γ。

2．简谐振动法实验原理

简谐振动法测量气体比热容比是一种较新颖的方法，通过测量物体在特定容器中的振动周期来计算 γ 值。实验基本装置如图 2-16 所示，振动物体小球的直径比玻璃管直径仅小 0.01～0.02mm。它能在此精密的玻璃管中上下移动，在瓶子的壁上有一小口，并插入一根细管，通过它各种气体可以注入到储气瓶 II 中。

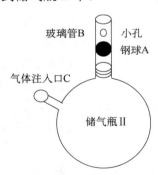

图 2-16　实验装置图

钢球 A 的质量为 m、半径为 r（直径为 d），当瓶子内压力 p 满足下面条件时，钢球 A 处于力平衡状态，这时 $p = p_L + \frac{mg}{\pi r^2}$，式中 p_L 为大气压强。为了补偿由于空气阻尼引起振动钢球 A 振幅的衰减，通过 C 管一直注入一个小气压的气流，在精密玻璃管 B 的中央开设有一个小孔。当振动钢球 A 处于小孔下方的半个振动周期时，注入气体使储气瓶 II 的内压力增大，引起钢球 A 向上移动；而当钢球 A 处于小孔上方的半个振动周期时，容器内的气

体将通过小孔流出，使物体下沉。以后重复上述过程，只要适当控制注入气体的流量，钢球 A 能在玻璃管 B 的小孔上下作简谐振动，振动周期可利用光电计时装置来测得。

若物体偏离平衡位置一个较小距离 x，则容器内的压强变化 $\mathrm{d}p$，物体的运动方程为

$$m\frac{\mathrm{d}^2 x}{\mathrm{d}t^2} = \pi r^2 \mathrm{d}p \tag{2-62}$$

因为物体振动过程相当快，所以可以看作绝热过程，绝热方程为

$$pV^\gamma = C \tag{2-63}$$

其中，C 为常数。

对式（2-63）求导数得出

$$\mathrm{d}p = -\frac{\gamma p \mathrm{d}V}{V}, \quad \mathrm{d}V = \pi r^2 x \tag{2-64}$$

将式（2-64）代入式（2-62）得

$$\frac{\mathrm{d}^2 x}{\mathrm{d}t} + \frac{\pi^2 r^4 p\gamma}{mV}x = 0$$

此式即为熟知的简谐振动方程，它的解为

$$\omega = \sqrt{\frac{\pi^2 r^4 p\gamma}{mV}} = \frac{2\pi}{T} \tag{2-65}$$

$$\gamma = \frac{4mV}{T^2 pr^4} = \frac{64mV}{T^2 pd^4}$$

式中各量均可方便测得，因而可算出 γ 值。

本实验装置主要由玻璃制成，而且对玻璃管（钢球简谐振动腔）的要求特别高，振动物体不锈钢球的直径为 14.00mm，仅比玻璃管内径小 0.01mm 左右。玻璃管内壁有灰尘微粒都可能引起不锈钢球不能正常振动，因此振动物体（不锈钢球）表面不允许擦伤，管内必须保持洁净。不锈钢球静止时停留在玻璃管的下方（用弹簧托住），若要将其取出，只须在它振动时，用手指将玻璃管壁上的小孔堵住，稍稍加大气体流量不锈钢球便会上浮到管子上方开口处，用手可以方便地取出，也可以将玻璃管从储气瓶 II 上取下，将不锈钢球倒出来。

振动周期采用可预置测量次数的数字计时仪，采用重复多次测量。振动物体直径采用螺旋测微器测出，质量用物理天平称量，储气瓶 II 容积由实验室给出，大气压力由气压表自行读出，并换算成国际单位制 Pa（N/m²）。（注：760mmHg=1.013×10⁵N/m²）

实验内容

1．绝热膨胀法实验内容

① 按图 2-15 所示接好仪器的电路，注意 AD590 的正负极不要接错。用 Forton 式气压计测定大气压强 p_0，用水银温度计测量环境温度。开启电源，将电子仪器部分预热 20min，然后用调零电位器调节零点，把三位半数字电压表示值调到 0，大气压为 1 个标准大气压 p_0。

② 打开放气阀，储气瓶与大气相通，再关闭放气阀，瓶内充满与周围空气同温同压的气体。

③ 将活塞 C$_2$ 关闭，活塞 C$_1$ 打开，用打气球把空气稳定地徐徐充入储气瓶 B 内，当三位半数字电压表读数介于 120mV 到 160mV 时，关闭进气阀 1 并停止充气；观察并记录此过程中瓶内气体压强和温度的变化（由于仪器只显示大于大气压强的部分，实际计算时的压强应加上周围大气压强值）。

④ 静待一段时间，待瓶内空气温度降至室温 T_0；记录仪器三位半数字电压表读数 Δp_2 并计算出瓶内气体的压强 p_2（ $p_2 = p_0 + \Delta p_2 / 2\,000 \times 10^5 \text{Pa}$ ）。

⑤ 突然打开活塞 C$_2$，当储气瓶的空气压强降低至环境大气压强 p_0 时（这时放气声消失），迅速关闭活塞 C$_2$。观察并记录此过程中瓶内气体压强和温度的变化。

⑥ 静待一段时间，待瓶内空气温度升至室温 T_0；记录三位半数字电压表读数 Δp_3 并计算出瓶内气体的压强 p_3（ $p_3 = p_0 + \Delta p_3 / 2\,000 \times 10^5 \text{Pa}$ ）。

⑦ 利用公式（2-62）计算空气的比热容比 γ 值。

⑧ 假定过程是准静态的，在坐标纸上以半定量的方式作出反映系统内空气状态由 0 （ p_0 , T_0 ）→Ⅰ（ p_1 , T_1 ）→Ⅱ（ p_2 , T_0 ）→Ⅲ（ p_0 , T_2 ）以及系统内空气状态由Ⅲ（ p_0 , T_2 ）→Ⅳ（ p_3 , T_0 ）过程的 p-V 变化曲线（注意曲线的走向、斜率的变化）。

⑨ 重复③、④、⑤、⑥、⑦步骤三次，由三次测量的 γ_1、γ_2、γ_3 值计算平均值、标准偏差，写出测量结果表达式。

2．简谐振动法实验内容

（1）实验仪器的调整

① 将气泵、储气瓶用橡皮管连接好，装有钢球的玻璃管插入球形储气瓶。将光电接收装置利用方形连接块固定在立杆上，固定位置于空心玻璃管的小孔附近。本实验仪提供的气泵是二路独立的，一般情况下，只需要采用单通道供气，在碰到一路气量不足时，可以用三通把二路气泵出口并联使用。但此时要注意把气泵的调节开关逆时针调小一些，避免气压太大把钢球冲出。

② 接通气泵电源，缓慢调节气泵上的调节旋钮，数分钟后，待储气瓶内注入一定压力的气体后，玻璃管中的钢球浮起离开弹簧，向管子上方移动。此时适当调节进气的大小，使钢球在玻璃管中以小孔为中心上下振动，即维持简谐振动状态。

（2）振动周期测量

接通 FB213 型数显计数计时毫秒仪的电源，把光电接收装置与毫秒仪连接。合上毫秒仪电源开关，预置测量次数为 50 次（N 次）（可根据实验需要从 1～99 次任意设置），设置计数次数时，可分别按"置数"键的十位或个位按钮进行调节，（注意数字调节只能按进位操作），设置完成后自动保持设置值（直到再次改变设置为止）。在不锈钢球正常振动的情况下，按"执行"键，毫秒仪开始计时，每计量一个周期，周期显示数值逐 1 递减，直到递减为 0 时，计时结束，毫秒仪显示出累计 50 个（N 个）周期的时间（毫秒仪计时范围：0～99.999s，分辨率 1ms）。重复以上测量 5 次，将数据记录到表中。

（3）其他测量

用螺旋测微器和物理天平分别测出钢球的直径 d 和质量 m，其中直径重复测量 5 次。

思考题

1. 绝热膨胀法中为何采用温度传感器？水银温度计是否可以？

2. 绝热膨胀法中温度测量值在计算公式中并没有出现，你认为设置温度测量的意义何在？

3. 简谐振动法中注入气体流量的多少对小球的运动情况有没有影响？

4. 在实际问题中，物体振动过程并不是十分理想的绝热过程，简谐振动法中测得的值比实际值大还是小，为什么？

操作导引

资源 2-7：绝热膨胀法测空气比热［容］比

第 3 章　电磁学实验

3.1　电表的改装与校准

　　电表是常用的电学测量仪器，按用途可分为直流电流表、交流电流表、直流电压表、交流电压表、欧姆表等，这些电表都可以用表头改装而成。表头是基本的电学测量工具，可分为数字表、指针表等。因为电表在电测量中有着广泛的应用，因此如何了解电表和使用电表就显得十分重要。电流计（表头）由于构造的原因，一般只能测量较小的电流和电压，如果要用它来测量较大的电流或电压，就必须进行改装，以扩大其量程。万用表就是对微安表头进行多量程改装而来，在电路的测量和故障检测中得到了广泛的应用。

实验目的

　　1. 测量表头内阻 R_g 及满度电流 I_g；

　　2. 掌握将 $100\mu A$ 表头改成较大量程的电流表和电压表的方法，学会校准电流表和电压表的方法；

　　3. 设计一个 $R_{中}=10k\Omega$ 的欧姆表，要求 E 在 $1.35\sim1.6V$ 范围使用且能调零。用电阻器校准欧姆表，画出校准曲线，并根据校准曲线用组装好的欧姆表测量未知电阻。

实验原理

　　常见的磁电式电流计主要由放在永久磁场中的由细漆包线绕制的可以转动的线圈、用来产生机械反力矩的游丝、指示用的指针和永久磁铁所组成。当电流通过线圈时，载流线圈在磁场中就产生一磁力矩 $M_{磁}$，使线圈转动并带动指针偏转。线圈偏转角度的大小与线圈通过的电流大小成正比，所以可由指针的偏转角度直接指示出电流值。

　　1. 测量量程 I_g、内阻 R_g

　　一定内阻，用 R_g 表示，I_g 与 R_g 是两个表示电流计特性的重要参数。测量内阻 R_g 的常用方法有以下两种。

　　（1）中值法（半电流法）

　　测量原理图见图 3-1。当被测电流计接在电路中时，电流计满偏，再用十进位电阻箱与电流计并联作为分流电阻，改变电阻值即改变分流程度；当电流计指针指示到中间值，且总电流强度仍保持不变，显然这时分流电阻值就等于电流计的内阻。

电流计允许通过的最大电流称为电流计的量程，用 I_g 表示。

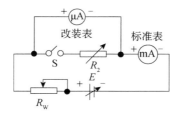

图 3-1　中值法测量原理图

（2）替代法

测量原理图见图 3-2。当被测电流计接在电路中时，用十进位电阻箱替代它，且改变电阻值；当电路中的电压不变，且电路中的电流亦保持不变时，则电阻箱的电阻值即为被测电流计内阻。替代法是一种运用很广的测量方法，具有较高的测量准确度。

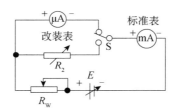

图 3-2　替代法测量原理图

2．改装为大量程电流表

根据电阻并联规律可知，如果在表头两端并联一个阻值适当的电阻 R_2，如图 3-3 所示，可使表头不能承受的那部分电流从 R_2 上分流通过。这种由表头和并联电阻 R_2 组成的整体（图中虚线框住的部分）就是改装后的电流表。如需将量程扩大 n 倍，则不难得出

$$R_2 = R_g / n \qquad\qquad (3-1)$$

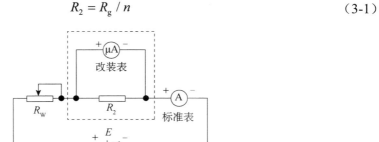

图 3-3　扩流后的电流表原理图

图 3-3 为扩流后的电流表原理图，用电流表测量电流时，电流表应串联在被测电路中，所以要求电流表应有较小的内阻。另外，在表头上并联阻值不同的分流电阻，便可制成多量程的电流表。

3．改装为电压表

一般表头能承受的电压很小，不能用来测量较大的电压。为了测量较大的电压，可以给表头串联一个阻值适当的电阻 R_M，如图 3-4 所示，使表头上不能承受的那部分电压降落在电阻 R_M 上。这种由表头和串联电阻 R_M 组成的整体就是电压表，串联的电阻 R_M 叫做扩程电阻。选取阻值不同的 R_M，就可以得到不同量程的电压表。由图 3-4 可求得扩程电阻值为

$$R_M = \frac{U}{I_g} - R_g \tag{3-2}$$

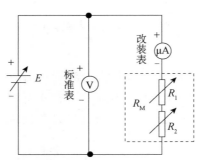

图 3-4　扩展量程后的电压表原理图

用电压表测电压时，电压表总是并联在被测电路上。为了不致因为并联了电压表而改变电路中的工作状态，要求电压表应有较高的内阻。

4．改装微安表为欧姆表

用来测量电阻大小的电表称为欧姆表，根据调零方式的不同，可分为串联分压式和并联分流式两种，其原理电路如图 3-5 所示。图中，E 为电源，R_3 为限流电阻，R_W 为调"零"电位器，R_X 为被测电阻，R_g 为等效表头内阻。图 3-5（b）中，R_G 与 R_W 一起组成分流电阻。

欧姆表使用前先要调"零"点，即 a、b 两点短路，（相当于 $R_X = 0$），调节 R_W 的阻值，使表头指针正好偏转到满度。可见，欧姆表的零点是在表头标度尺的满刻度（即量限）处，与电流表和电压表的零点正好相反。

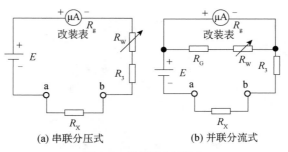

(a) 串联分压式　　　　　　　(b) 并联分流式

图 3-5　欧姆表原理图

在图 3-5（a）中，当 a、b 端接入被测电阻 R_X 后，电路中的电流为

$$I = \frac{E}{R_g + R_W + R_3 + R_X} \tag{3-3}$$

对于给定的表头和线路来说，R_g、R_W、R_3 都是常量。由此可见，当电源端电压 E 保持

不变时，被测电阻和电流值有一一对应的关系；即接入不同的电阻，表头就会有不同的偏转读数。R_x 越大，电流 I 越小；短路 a、b 两端，即 $R_x=0$ 时，这时指针满偏，有

$$I = \frac{E}{R_g + R_W + R_3} = I_g \tag{3-4}$$

当 $R_x = R_g + R_W + R_3$ 时，有

$$I = \frac{E}{R_g + R_W + R_3 + R_x} = \frac{1}{2} I_g \tag{3-5}$$

这时指针在表头的中间位置，对应的阻值为中值电阻，显然 $R_{中} = R_g + R_W + R_3$。

当 $R_x = \infty$（相当于 a、b 开路）时，$I = 0$，即指针在表头的机械零位。所以欧姆表的标度尺为反向刻度，且刻度是不均匀的；电阻 R_x 越大，刻度间隔越密。如果表头的标度尺预先按已知电阻值刻度，就可以用电流表来直接测量电阻了。

并联分流式欧姆表是利用对表头分流来进行调零的，具体参数可自行设计。欧姆表在使用过程中电池的端电压会有所改变，而表头的内阻 R_g 及限流电阻 R_3 为常量，故要求 R_W 要跟着 E 的变化而改变，以满足调"零"的要求。设计时用可调电源模拟电池电压的变化，范围取 1.35～1.6V 即可。

实验装置

FB308 型电表改装与校准实验仪 1 台，附专用连接线等。

实验内容

1．用中值法或替代法测出表头的内阻

用中值法测量时先将 E 调至 0V，接通 E、R_W，连接好被改装表和标准电流表后，先不接入电阻箱 R，调节 E 中 R_W 使改装表头满偏，记住标准表的读数，此电流即为改装表头的满度电流，$I_g=$_____μA；再接入电阻箱 R，改变 R 数值，使被测表头指针从满度 100μA 降低到 50μA 处。注意调节 E 或 R_W，使标准电流表的读数保持不变，$R_g=$_____Ω。

用替代法测量时，先将 E 调至 0V，接通 E、R_W，连接好被改装表和标准电流表后，调节 E 中 R_W 使改装表头满偏，记录标准表的读数，此值即为被改装表头的满度电流，$I_g=$_____μA；再断开接到改装表头的接线，转接到电阻箱 R，调节 R 使标准电流表的电流保持刚才记录的数值，这时电阻箱 R 的数值即为被测表头内阻 $R_g=$_____Ω。

2．将一个量程为 100μA 的表头改装成 1mA（或自选）量程的电流表

① 估计 E 值大小，并根据式（3-1）计算出分流电阻值。

② 先将 E 调至 0V，检查接线正确后，调节 E 和滑动变阻器 R_W，使改装表指到满量程，这时记录标准表读数。注意：R_W 作为限流电阻，阻值不要调至最小值；然后每隔 0.2mA 逐步减小读数直至零点，再按原间隔逐步增大到满量程，每次记下标准表相应的读数于表中。

③ 以改装表读数为横坐标，标准表由大到小及由小到大调节时两次读数的平均值为纵坐标，在坐标纸上做出电流表的校正曲线，并根据两表最大误差的数值定出改装表的准确

度等级。

④ 重复以上步骤，将 100μA 表头改成 10mA 表头，可按每隔 2mA 测量一次。

⑤ 将 R_G 和表头串联，作为一个新的表头，重新测量一组数据，并比较扩流电阻有何异同（可选做）。

3．将一个量程为 100μA 的表头改装成 1.5V（或自选）量程的电压表

① 根据电路参数估计 E 的大小，根据式（3-2）计算扩程电阻 R_M 的阻值，可用电阻箱 R 进行实验。先调节 R 值至最大值，再调节 E；用标准电压表监测到 1.5V 时，再调节 R 值，使改装表指示为满度。于是 1.5V 电压表就改装好了。

② 用数显电压表作为标准表来校准改装的电压表。调节电源电压，使改装表指针指到满量程（1.5V），记下标准表读数；然后每隔 0.3V 逐步减小改装读数直至零点，再按原间隔逐步增大到满量程，每次记下标准表相应的读数于表中。

③ 以改装表读数为横坐标，标准表由大到小及由小到大调节时两次读数的平均值为纵坐标，在坐标纸上做出电压表的校正曲线，并根据两表最大误差的数值定出改装表的准确度等级。

④ 重复以上步骤，将 100μA 表头改成 10V 表头，可按每隔 2V 测量一次。

⑤ 将 R_G 和表头串联，作为一个新的表头，重新测量一组数据，并比较扩程电阻有何异同。

4．改装欧姆表及标定表面刻度

① 根据表头参数 I_g 和 R_g 以及电源电压 E，选择 R_W 为 4.7kΩ，R_3 为 10kΩ。

② 调节电源 $E=1.5V$，短路 a、b 两接点，调 R_W 使表头指示为零。如此，欧姆表的调零工作即告完成。

③ 测量改装成的欧姆表的中值电阻。将电阻箱 R（即 R_X）接于欧姆表的 a、b 测量端，调节 R，使表头指示到正中，这时电阻箱 R 的数值即为中值电阻，$R_中 = $ _____ Ω 。

④ 取电阻箱的电阻为一组特定的数值 R_{Xi}，读出相应的偏转格数，利用所得读数 R_{Xi}、div 绘制出改装欧姆表的标度盘。

⑤ 确定改装欧姆表的电源使用范围。短接 a、b 两测量端，将工作电源放在 0～2V 一挡，调节 $E=1V$ 左右，先将 R_W 逆时针调到最低，调节 E 直至表头满偏，记录 E_1 值；接着将 R_W 顺时针调到最低，再调节 E 直至表头满偏，记录 E_2 值，E_1～E_2 值就是欧姆表的电源使用范围。

⑥ 按图 3-5（b）所示进行连线，设计一个并联分流式欧姆表并进行连线、测量。试与串联分压式欧姆表比较，有何异同。

思考题

1．测量电流计内阻应注意什么？是否还有别的办法来测定电流计内阻？能否用欧姆定律来进行测定？能否用电桥来进行测定？

2．设计 $R_中 = 10kΩ$ 的欧姆表，现有两块量程 100μA 的电流表，其内阻分别为 2 500Ω 和 1 000Ω，你认为选哪块较好？

3. 若要求制作一个线性量程的欧姆表，有什么方法可以实现？

操作导引

资源 3-1：电流表的改装与校准

3.2　电阻伏安特性的测量

实验目的

1. 学习测量线性和非线性电阻元件伏安特性的方法，并绘制其特性曲线；
2. 掌握运用伏安法判定电阻元件类型的方法。

实验原理

二端电阻元件的伏安特性是指元件的端电压与通过该元件电流之间的函数关系。通过一定的测量电路，用电压表、电流表可测量电阻元件的伏安特性，由测得的伏安特性可了解该元件的性质。通过测量得到元件伏安特性的方法称为伏安测量法（简称伏安法）。把电阻元件上得的电压取为纵（或横）坐标，电流取为横（或纵）坐标，根据测量所得数据，画出的电压和电流的关系曲线，称为该电阻元件的伏安特性曲线。

（1）线性电阻元件

线性电阻元件的伏安特性满足欧姆定律，可表示为

$$U=IR \tag{3-6}$$

其中，R 为常数，称为电阻的阻值，它不随其两端电压或通过其电流的改变而改变。

其伏安特性曲线是一条过坐标原点的直线，具有双向性，即电阻内通过的电流与两端施加的电压成正比，这种电阻也称为线性电阻。线性电阻的伏安特性曲线如图 3-6（a）所示。线绕电阻、金属膜电阻等都是线性电阻。

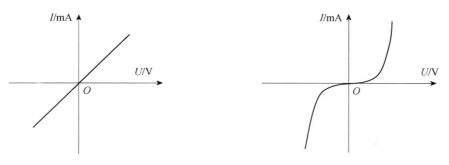

（a）线性电阻伏安特性曲线　　　　　　（b）非线性电阻元件伏安特性曲线

图 3-6　伏安特性曲线

（2）非线性电阻元件

非线性电阻元件不遵循欧姆定律，它的阻值 R 随着其电压或电流的改变而改变，其伏

安特性是一条过坐标原点的曲线，如图3-6（b）所示。

（3）测量方法

在被测电阻元件上施加不同极性和幅值的电压，测量出流过该元件中的电流，或在被测电阻元件中通入不同方向和幅值的电流，测量该元件两端的电压，便得到被测电阻元件的伏安特性。在实际测量，由于直流电表实际存在内阻，故电流表的接入会引入测量误差。根据测量要求可采用安培计内接法［见图3-7（a）］或安培计外接法［见图3-7（b）］。

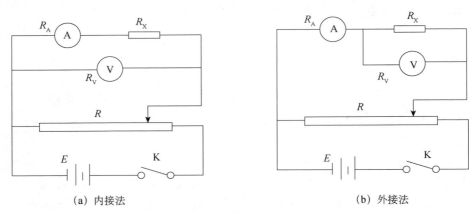

（a）内接法 　　　　　　　　　　　　　　　（b）外接法

图 3-7　测量电路的连接方法

用内接法时，由安培计内阻 R_A 引入的测量误差见表3-1。当 $R_X \geqslant 100R_A$ 时，由安培计内阻引入的测量误差 $\dfrac{\Delta R_X}{R_X} \leqslant 1\%$，此时宜使用安培计内接法，这种方法适合于对较大电阻的测量。

表 3-1　用内接法时安培计内阻引入的误差

R_X/R_A	1 000	500	200	100	50	10	5	1
$\dfrac{\Delta R_X}{R_X}$ /%	0.1	0.2	0.5	1.0	2.0	10.0	20.0	100.0

用外接法时，由伏特计内阻 R_V 引入的测量误差见表3-2。当 $R_X \leqslant 100R_V$ 时，外接法测量才有足够的准确度，这种方法适合于较小电阻的测量。

表 3-2　用外接法时伏特计内阻引入的误差

R_V/R_X	1 000	500	100	50	10	5	1	0.5
$\dfrac{\Delta R_X}{R_X}$ /%	0.1	0.2	1.0	2.0	9.0	17.0	50.0	67.0

实验装置

直流稳压电源1台，万用表2只，电阻1只，白炽灯泡1只，9孔插件方板1块，导线若干。

实验内容

1．测量线性电阻元件的伏安特性

① 按图 3-8 所示接线，取 $R_L=100\Omega$，U_S 用直流稳压电源，先将稳压电源输出电压旋钮置于零位。

② 调节稳压电源输出电压旋钮，使电压 U_S 分别为 0V、1V、2V、3V、4V、5V、6V、7V、8V、9V、10V，并测量对应的电流值和负载 R_L 两端电压 U。实验完毕，断开电源，将稳压电源输出电压旋钮置于零位。

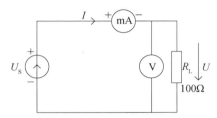

图 3-8　线性电阻元件的实验线路图

③ 根据测得的数据，在坐标纸上绘制出 $R_L=100\Omega$ 的电阻元件的伏安特性曲线。先取点，再用光滑曲线连接各点。

2．测量非线性电阻元件的伏安特性

① 按图 3-9 所示接线，实验中所用的非线性电阻元件为 12V/0.5A 小灯泡。

② 调节稳压电源输出电压旋钮，使其输出电压分别为 0V、1V、2V、3V、4V、5V、6V、7V、8V、9V、10V、11V、12V，测量相对应的电流值 I 及灯泡两端电压 U。实验完毕，断开电源，将稳压电源输出电压旋钮置于零位。

③ 根据测得的数据，在坐标纸上绘制出白炽灯的伏安特性曲线。先取点，再用光滑曲线连接各点。

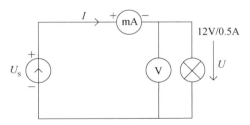

图 3-9　非线性电阻元件的实验线路图

思考题

1. 当采用安培计外接法，且 $R_V \gg R_X$ 时，相对误差值为 R_X / R_V，试推导这一结果。

2. 比较 100Ω 电阻与白炽灯的伏安特性曲线，得出什么结论？

3. 根据不同的伏安特性曲线的性质，相关电阻分别称为什么电阻？

4. 从伏安特性曲线看欧姆定律，它对哪些元件成立？对哪些元件不成立？

3.3 电桥法测中、低值电阻

电桥法测电阻是在平衡条件下将待测电阻与标准电阻进行比较，以确定其待测电阻的大小。电桥法具有灵敏度高、测量准确和使用方便等特点。电桥分为直流电桥和交流电桥两大类。直流电桥可分为单臂电桥和双臂电桥：前者又称惠斯通电桥，主要用于测量中值电阻；后者又称为开尔文双臂电桥，适用于测量低值电阻。交流电桥可以测量电容、电感等物理量。

实验目的

1. 理解并掌握用电桥法测定电阻的原理和方法；
2. 学会自搭电桥，并学习用交换法减小和修正系统误差；
3. 学习使用箱式惠斯通电桥测量中值电阻，了解测量低值电阻的误差；
4. 学习使用箱式开尔文双臂电桥测量低值电阻。

实验装置

箱式惠斯通电桥，开尔文直流双臂电桥。

实验原理

1. 单臂电桥电路的基本原理

（1）惠斯通直流电桥原理

用伏安法测量电阻，由于受电表内阻的影响，无论采取内接法或者外接法都不能同时把电压和电流测量准确，即有系统误差存在。需要设计新的电路，如图 3-10 所示的电桥电路。其基本组成部分是：桥臂（标准电阻 R_A、R_B、R_S 和待测电阻 R_X 4 个电阻组成），"桥"——平衡指示（示零）器，即检流计 G，以及工作电源 E 和开关 K。

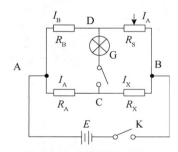

图 3-10 单臂电桥电路一

当开关接通后，各条支路中均有电流通过，检流计支路起到沟通 ABC 和 ACD 两条支路的作用，好像一座"桥"一样，故称为"电桥"。适当调节 R_S 的大小，可以使桥上没有

电流通过，即没有电流通过检流计，这时 B、C 两点的电势相等，电桥的这种状态称为平衡状态。这时

$$U_{AC} = U_{AB}, U_{CD} = U_{BD}$$

即

$$I_A R_A = I_B R_B, I_X R_X = I_S R_S$$

因为 G 中无电流，所以两式相除得

$$R_X = \frac{R_A}{R_B} R_S \tag{3-7}$$

可见，被测电阻值 R_X 可以仅从三个标准电阻的值来求得，这一过程相当于把 R_X 和标准电阻相比较，这就是电桥的比较法测电阻的原理。通常将 R_A / R_B 称为比率臂，将 R_S 称为比较臂。

（2）交换法减小和修正自搭电桥系统误差

我们先自搭一个电桥，设电桥的灵敏度足够高，主要考虑 R_A、R_B、R_S 引起的误差。此时

$$\frac{\Delta R_X}{R_X} = \frac{\Delta R_A}{R_A} + \frac{\Delta R_B}{R_B} + \frac{\Delta R_S}{R_S}$$

用交换法可以减小和修正这一系统误差，即先按图 3-10 搭好电桥，调节 R_S 使 G 中无电流，记下 R_S 值，可由式（3-7）求 R_X，然后将 R_S 与 R_X 交换位置，如图 3-11 所示，再调节 R_S 使 G 中无电流，记下此时的 R_S'，可得

$$R_X = \frac{R_A}{R_B} R_S' \tag{3-8}$$

式（3-7）和式（3-8）相乘得

$$R_X^2 = R_S R_S' \tag{3-9}$$

这就消除了由 R_A、R_B 本身的误差对 R_X 测量的影响，由式（3-9）求出 R_X 的测量误差

$$\frac{\Delta R_X}{R_X} = \frac{1}{2}\left(\frac{\Delta R_S}{R_S} + \frac{\Delta R_S'}{\Delta R_S'} \right) \approx \frac{\Delta R_S}{R_S}$$

只与电阻箱的仪器误差有关，而变阻箱可以选用具有一定精度的标准电阻箱，这样被测电阻的误差可以减小。

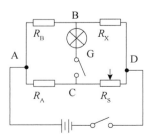

图 3-11　单臂电桥电路二

（3）箱式惠斯通电桥灵敏度

箱式电桥线路与上述相同，只是整个仪器都装在箱子内，便于携带。其中比率臂 R_A / R_B

的数值可直接从它的刻度盘上读出来，比较臂 R_S 的值可以从比较臂的四个十进位读数盘上读出，R_X＝比率臂的值×比较臂的值。

电桥灵敏度的定义：在已平衡的电桥内，若比较臂 R_S 变动 $\Delta R_S''$，电桥就失去平衡，有电流 I_g 经过检流计；如果 I_g 小到使检流计反映不出来，那么我们认为电桥还是平衡的，因而得到 $R_X = \dfrac{R_A}{R_B}(R_S + \Delta R_S'')$，$\Delta R_S''$ 是由于检流计灵敏度不够而带来的测量误差 $\Delta R_X'$；电阻箱和检流计对 R_X 引入的测量误差为 $\Delta R_X + \Delta R_X'$。

电桥灵敏度的定义式为

$$S = \frac{\Delta d}{\Delta R_X'/R_X} = \frac{\Delta d}{\Delta R_S''/R_S}$$

式中，Δd 是对应于待测电阻的相对改变量（实测中用 $\Delta R_S'/R_S$ 来代替）而引起的检流计中偏转量。所以电桥的灵敏度 S 越大，对电桥平衡的判断就越准确，测量结果也更准确。

$$S = \frac{\Delta d}{\Delta R_S''/R_S} = \frac{\Delta d}{\Delta I_g}\frac{\Delta I_g}{\Delta R_S''/R_S} = S_1 S_2$$

式中，S_1 是检流计本身的灵敏度；S_2 是由线路结构所决定的，称为电桥线路的灵敏度。进一步的理论推导可知，S_2 与电源电压、检流计的内阻和桥臂电阻有关。

2．开尔文直流双臂电桥

用一般的惠斯通电桥测量电阻，实际上包含了接线电阻和两接点的接触电阻，它们一般约为 0.01Ω；当被测电阻较小时，相对误差较大，因此惠斯通电桥不能测量小于 1Ω 的低值电阻。要消除这种误差只能从电路设计上来解决。

开尔文双臂电桥就是将上述接线电阻和接触电阻，用一特殊线路使它们从电桥内部的电压线路间消除，从而使低值电阻的测量结果比较精确。开尔文双臂电桥的电路原理如图 3-12 所示。

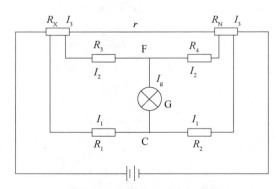

图 3-12　开尔文双臂电桥电路

在使用电桥时，调节电阻 R_1、R_2、R_3、R_4 和 R_N 的值，使检流计中没有电流通过（$I_g=0$），则 F、C 两点的电位相等。于是通过 R_1、R_2 的电流均为 I_1，而通过 R_4、R_3 的电流均为 I_2；通过 R_X、R_N 的电流为 I_3，而通过 r 的电流为 I_3-I_2。

根据欧姆定律可以得到以下三个式子：

$$I_3 R_X + I_2 R_3 = I_1 R_1$$
$$I_2 R_4 + I_3 R_N = I_1 R_2$$
$$I_2 (R_3 + R_4) = (I_3 - I_2) r$$

三式联立消去 I_1，I_2，I_3 可得

$$R_X = \frac{R_1}{R_2} R_N + \frac{R_4 r}{R_3 + R_4 + r} \left(\frac{R_1}{R_2} - \frac{R_3}{R_4} \right) \qquad （3-10）$$

　　式（3-10）就是双臂电桥的平衡条件，可见 r 对测量的结果有影响。为了使被测电阻值 R_X 的值便于计算及消除 r 对测量结果的影响，使第二项等于零，即

$$\frac{R_1}{R_2} = \frac{R_3}{R_4} \qquad （3-11）$$

　　式（3-11）简化为

$$R_X = \frac{R_1}{R_2} R_N \qquad （3-12）$$

　　由上讨论可知，式（3-12）的成立，要求改变比率 R_1/R_2 时，要同时改变 R_3/R_4，且要保持 $R_1/R_2 = R_3/R_4$ 为常数。为此，在双臂电桥中采用双轴同步变阻器组，两电阻器中的各对应的电阻的阻值比相同，调节时两组同步变化。

实验内容

1．使用单臂电桥测量电阻

① 检查仪器并确认仪器处在以下状态：开关选择"关"，检流计选择"G 内"挡，B、G 按钮未按下，灵敏度选择低灵敏度，仪器与电源线接好。

② 将电源插头接入市电 AC220V 电源，并打开电源开关，此时检流计将显示"0000"。

③ 按照被测电阻值的大小，选择合适的倍率和检流计挡位，并预置读数盘示值。

④ 将被测电阻接入"R_X"接线柱。

⑤ 先按下"B"按钮，再按下"G"按钮（将按钮按下后旋转 90°即可锁住，可根据需要选择是否运用锁定功能），调节十进制电阻器各盘，使检流计显示"0000"或取最小值，此时成为电桥平衡。

⑥ 电桥平衡后，被测电阻的值为倍率值与十进制电阻器示值的乘积。

2．使用双臂电桥测量导线的电阻

① 检查仪器且确认仪器处在以下状态：开关选择"关"，仪器与电源线接好。

② 将电源插头接入市电 AC220V 电源，并打开电源开关。

③ 将数字检流计调到"0"位置。

④ 将被测电阻（铜导线）的四端接到双臂电桥的相应的四个接线柱上。

⑤ 估计被测电阻值，将倍率开关和基值电阻旋钮旋到相应的位置上。

⑥ 开始测量，应先按下"B"按钮，再按下"G"按钮，并调节读数盘，使电流计重新回到"0"位置。此时电桥处于平衡状态，而被测电阻（R_X=倍率开关示值×基值电阻示值+读数盘的示值）断开时，应先放"G"按钮后放"B"按钮。注意：一般情况下"B"按钮应间歇使用。

⑦ 使用完毕，关闭电源。

思考题

1. 当惠斯通电桥达到平衡后，若交换电源和检流计的位置，电桥是否仍然保持平衡？试证明之。

2. 从原理并结合实践讨论一下双臂电桥与惠斯通电桥有哪些异同？

3. 什么是电桥灵敏度？如何测定灵敏度引入的误差？

操作导引

资源 3-2：电桥法测量中、低值电阻

3.4　电位差计的应用

电位差计是电工和热工测量的常用仪器之一，通常有箱式电位差计、板式电位差计和自组装电位差计等。用电位差计测量电势（或电位差）的基本原理，就是将待测电路的电势（或电位差）同标准电池的电势（或电位差）相比较，用工作回路的电压去代替和补偿标准电池或待测电路的电势（电位差）。测量时，被测的回路无电流，测量结果仅仅依赖于准确度极高的标准电池、标准电阻以及高灵敏度的检流计。因此，电位差计测量的准确度比较高。用电位差计不仅可以精确测量电势、电压、电流和电阻等，还可以校准电表和直流电桥等直读式仪表，同时在非电参量（如温度、压力、位移和速度等）的电测法中也占有重要位置。

实验目的

1. 掌握电位差计的工作原理；
2. 学会用箱式电位差计测量电势；
3. 了解热电偶的测温原理。

实验原理

1. 用补偿法测电势

电势（电动势的简称）是当电池没有电流通过时，其正负极间的电位差。如果有电流通过，因电池有内阻而有电位降落，所以这时两电极间的电位差不再是电势而是端电压。因此，用伏特计只能测出电池的端电压。要测量电池的电势，就必须设法使待测电池中通过的电流为零。

如图 3-13 所示，E_0 为电势可以调节的电池，E_x 为待测电势的电池，G 为检流计。调节 E_0 使检流计指示为零，则此时 E_0 和 E_x 的电势一定是大小相等方向相反，即数值上有 $E_0=E_x$。我们称此时电路得到了补偿。如果 E_0 为已知值，E_x 就可求出，这种测电势的方法称为补偿法。

2．直流电位差计的工作原理

如图 3-14 所示，直流电位差计由以下三个回路组成。

工作电流回路：由工作电源 E_0、工作电流调节电阻 R_P、校准工作电流用的标准电阻 R_N 和测量未知电势用的补偿电阻 R 组成。

校准工作电流回路：由标准电池 E_N、开关 K、检流计 G 和校准工作电流用的标准电阻 R_N 组成。当温度不同时，标准电池的电势发生变化。为了使不同温度下标准电池的电势都能够得到补偿，有的电位差计将 R_N 做成可变电阻（这里指 R_N 的一部分，即 R_S）。通过调节 R_S，使标准电池得到补偿。

测量回路：由待测电势（电位差）E_x、开关 K、检流计 G 和补偿电阻 R_x 组成。

在工作电流回路中，调节 R_P 的大小，可以控制工作电流 I_0 的大小。

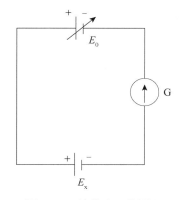

图 3-13　补偿法工作原理

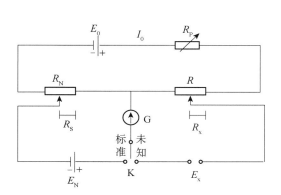

图 3-14　电位差计工作原理

在校准工作电流回路中，将开关 K 扳向"标准"标记一方，即接通了校准工作电流回路。调节 R_P 的大小，使通过检流计 G 的电流为零，这时标准电池的电势 E_N 同标准电阻 R_S 上的电位差相等，即有 $E_N = I_0 R_S$。由于 E_N 和 R_S 已知，所以可得到电位差计的工作电流 I_0 为

$$I_0 = \frac{E_N}{R_S} \tag{3-13}$$

在测量回路中，将开关 K 扳向"未知"标记一方，即断开校准工作电流回路，接通测量回路，从而调节补偿电阻 R_x 的大小，使检流计 G 指零。这时待测电势（电位差）E_x 被电阻 R_x 上的电位差所补偿，即有 $E_x = I_0 R_x$。由于改变 R_x 时并不改变工作电流回路的总电阻，所以工作电流 I_0 保持不变。于是有

$$E_x = \frac{E_N}{R_S} \cdot R_x \tag{3-14}$$

可见，电位差计平衡时，被测电池和标准电池通过的电流都等于零，被测电池内部没有电压降，所以测出的电位差就是电池的电势，而不是端电压。由于 E_N、R_S 和 R_x 都可以准确确定，所以测量结果具有较高的准确度。

如果 $I_0 = E_N / R_S = 10^n$（n 为整数），则 $E_x = 10^n R_x$，这样 E_x 和 R_x 的有效数字位数相同，仅差数量级 n。为了满足 $E_N / R_S = 10^n$ 的要求，可以置 $R_S = E_N / 10^n$ 值。为了精细调节 R_P，使检流

计指零，有的电位差计对 R_P 采用二级或三级限流可变电阻。通常称 $I_0=10^n$ 为标准化工作电流。调节 R_P（粗、中、细）的过程，称为标准化调节过程。一旦建立了标准化工作电流，R_P 的值就不能再动了，否则会破坏电位差计的平衡，影响测量结果。

3．热电偶测温原理

1797 年，意大利物理学家伏达发现，两种不同金属相互接触时，接触面上会产生接触电位差，其大小因金属材料而异，一般为十分之几伏到几伏。按照经典电子论，形成接触电位差的原因有二：一是不同金属的自由电子数密度不同，设分别为 n_A 和 n_B，且 $n_A>n_B$；二是不同金属的逸出功或逸出电势不同，设分别为 u_A 和 u_B，且 $u_A<u_B$，则 A 和 B 之间的接触电位差为

$$u_{AB} = u_B - u_A + \frac{\kappa T}{e} \ln \frac{n_A}{n_B} \tag{3-15}$$

其中，κ 为玻耳兹曼常数，T 为接触面处的温度，e 为电子电量。

1821 年，德国物理学家塞贝克发现，把两种不同金属 A 和 B 接成闭合回路，则由于两个接头处的接触电位差大小相等方向相反，因而回路内不产生电流。若两接头处温度不同，则两接头处的接触电位差不同，导致回路内有电流产生，如图 3-15 所示。

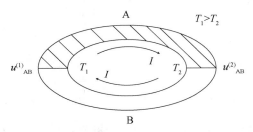

图 3-15　温差热电偶

这种现象称为温差电现象或塞贝克效应，相应的电势称为温差电势或热电势。利用温差电效应做成的测温元件，称为温差电偶或热电偶。

由式（3-15）得

$$u_{AB}^{(1)} = u_B - u_A + \frac{\kappa T_1}{e} \ln \frac{n_A}{n_B}$$

$$u_{AB}^{(2)} = u_B - u_A + \frac{\kappa T_2}{e} \ln \frac{n_A}{n_B}$$

因而整个回路的热电势 E 为

$$E = u_{AB}^{(1)} - u_{AB}^{(2)} = \frac{\kappa (T_1 - T_2)}{e} \ln \frac{n_A}{n_B}$$

可见，对于一定材料的热电偶，温差电势与两接点的温度差成正比，即

$$E = C(T_1 - T_2) \tag{3-16}$$

其中，C 为温差系数，或称为电偶常数，单位为 $\mu V/℃$ 或 $\mu V/K$。C 的大小代表了热电偶的测温灵敏度，C 越大，热电偶的分辨率越高。实验证明，C 与热电偶的材料性质有关，而且还是一个温度的函数。但在温度变化不大的范围内，C 仍可看作一个常数。

由以上讨论可以看出，对于一定材料的热电偶，当两接点有确定的温度差时，就对应有一确定的温差电势。如果将其中一个接点的温度 T_2（称为自由端）保持恒定（如 0℃ 或室温），则热电势就是另一接点温度 T_1（称为工作端）的单值函数。因此，通过测量温差电动势的大小，就可以求出与之对应的温度 T_1。热电偶温度计正是根据这一原理制成的。

利用热电偶测温时，需要预先给它定标，即在一些已知温度（如冰的熔点 0.00℃、水的沸点 100.00℃、锡的凝固点 231.91℃ 等某些物质在平衡态时的完全确定的相变点所对应的温度）的条件下，测量温差电势。然后以温度作为横坐标，电势作为纵坐标，做出校正曲线（通常为一条直线）。以后只需测量电势，就可以由校正曲线查出相应的温度值。

利用热电偶测温的特点是热容量小、灵敏度高，可准确到 10^{-3}K，测温范围广，可在 −200～2 000℃ 的范围内测温。热电偶既适合于测量炼钢炉中的高温，又适合测量液态气体的低温。

实验装置

箱式电位差计、温差热电偶装置、加热装置、温度计等，如图 3-16 所示。

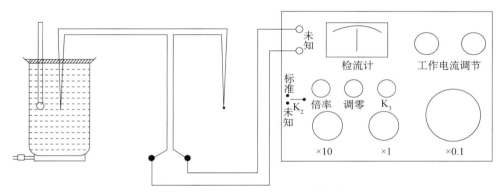

图 3-16 用电位差计测量温差电势装置

实验内容

1. 熟悉箱式电位差计的结构和使用方法。

2. 按图 3-16 接好线路，注意正负极性。

3. 按照电位差计箱盖上的使用步骤正确使用电位差计。测量热电偶的温差电动势，从室温至 100℃，至少测 10 组温度与电动势的数据。

4. 根据测得的数据，画出定标曲线，并求出热电偶常数。

思考题

1. 电位差计的灵敏度与哪些因素有关？

2. 实验中若电位差计的检流计始终往一侧偏，则可能有哪些原因？

3. 怎样确定热电偶电动势的正负极？

4. 热电偶测温时，电位差计作为第三种导体接入热电偶两导体之间，对测量结果是否有影响？为什么？

　　5. 试设计出用电位差计校准电流表的线路图。

操作导引

　　资源 3-3：箱式电位差计测电源电动势

3.5　模拟法测绘静电场

　　带电体可在空间中产生静电场，了解带电体周围静电场的分布有助于研究电场中的各种物理现象和控制带电粒子的运动，在科学研究和工程应用中都有重要的作用。但是直接测量静电场往往很困难，原因是普通测量用的仪表是磁电式电表，它需要有一定的电流来推动，而静电场不能提供这种电流。另外仪表本身需要用到导体或电介质，它们的引入会不可避免地使原有的静电场发生改变，因此人们采用模拟法测量静电场。

实验目的

　　1. 学习用模拟法测绘静电场的原理和方法；

　　2. 加深对电场强度和电位两个概念以及二者相互关系的理解。

实验原理

1．模拟场设置的原则

　　（1）用流过均匀不良导电介质的稳恒电流场模拟静电场。电流场中的导电介质相当于静电场中的介质，导电介质中的模拟场相当于介质中的静电场。

　　（2）用与带电导体形状相同的良导体电极，代替激发静电场的带电导体，即模拟场与静电场应具有相同的边界条件。（什么样的边界条件？）

　　（3）静电场中的带电导体表面是等位面，因而模拟电极也应是等位面，这就要求模拟场中的导电介质的电导率要远小于模拟电极的电导率。

　　（4）模拟的方法可以用电解槽法和导电纸法。用电解槽法可以测绘三维静电场，而用导电纸法只能模拟平面场。

2．长同轴圆柱形电极静电场的分布

　　真空中（或空气中）"无限长"的均匀带电同轴圆柱体的静电场分布，可以由高斯定理求得。如图 3-17（a）所示，设长圆柱导体（电极）A 的半径为 r_1，电位为 V_0；长圆筒导体（电极）B 的内半径为 r_2，电位为 0（接地）。两导体各带等量异性电荷，圆柱面每单位长度上的电量为 λ，则在两电极之间产生静电场。由于轴对称性，在垂直于轴线的任一截面 S 内，有均匀分布的辐射状电场线。S 平面称为电场线平面，如图 3-17（b）所示。电场的等位面是许多同轴管状柱面，它穿过每一个电场线平面，并与它相交，其交线是同心圆，即等位线。因此，同轴电缆线的电场是一种平面场，且电场线与等位线相互正交。

为计算电极 A、B 间的静电场，我们在轴线方向上取一段单位长度的同轴柱面，其横截面如图 3-17（c）所示。

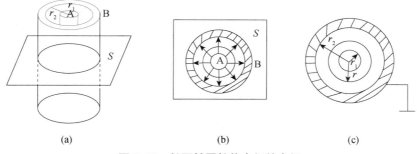

(a)   (b)   (c)

图 3-17 长同轴圆柱体电极的电场

做半径为 r 的高斯面（柱面），则

$$E = \frac{\lambda}{2\pi\varepsilon_0 r} \tag{3-17}$$

积分上式得

$$V = \int_r^{r_2} \vec{E} \cdot d\vec{r} = \int_r^{r_2} \frac{\lambda}{2\pi\varepsilon_0 r} dr = \frac{\lambda}{2\pi\varepsilon_0} \ln \frac{r_2}{r} \tag{3-18}$$

$$V_0 = \int_{r_1}^{r_2} \vec{E} \cdot d\vec{r} = \int_{r_1}^{r_2} \frac{\lambda}{2\pi\varepsilon_0 r} dr = \frac{\lambda}{2\pi\varepsilon_0} \ln \frac{r_2}{r_1} \tag{3-19}$$

由式（3-18）和式（3-19）可得

$$V = V_0 \frac{\ln(r/r_2)}{\ln(r_1/r_2)} \tag{3-20}$$

3．长同轴圆柱形电极静电场的模拟

下面仿造一个与同轴圆柱形电极的静电场分布完全一样的模拟场，如图 3-18（a）所示。在电极 A、B 间填满均匀的不良导体（如液态自来水，稀硫酸铜溶液，某些合金和黏土与石墨粉或金属粉的黏结体），并接上电源 V_0，则在不良导体中产生了电流。电流是从电极 A 均匀辐射状地流向电极 B，由于均匀性和对称性，所以电流场也是一个平面场。电流场的分布规律，可以由欧姆定律求得。

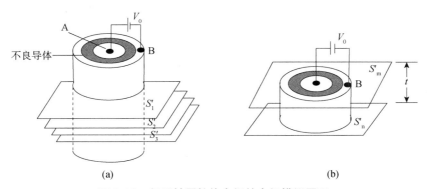

(a)   (b)

图 3-18 长同轴圆柱体电极的电场模拟原理

在垂直于轴线方向上任意取两个相距 t 的电流线平面 S'_m 和 S'_n 得到一个厚度为 t 的不良导体（连同电极在一起）薄块，如图 3-18（b）所示。设不良导体的电阻率为 ρ，则半径为 r 和 $r+dr$ 的圆周间的不良导体薄块的电阻为

$$dR = \rho \times \frac{dr}{S} = \frac{\rho dr}{2\pi rt} = \frac{\rho}{2\pi t} \cdot \frac{dr}{r} \tag{3-21}$$

由此式积分得半径由 r 到 r_2 之间的电阻为

$$R_{rr_2} = \frac{\rho}{2\pi t} \int_r^{r_2} \frac{dr}{r} = \frac{\rho}{2\pi t} \ln(r_2 / r) \tag{3-22}$$

同样，整个薄块的总电阻为

$$R = \frac{\rho}{2\pi t} \ln(r_2 / r_1) \tag{3-23}$$

于是，从内电极到外电极的总电流

$$I = \frac{V_0}{R} = \frac{2\pi t}{\rho \ln(r_2 / r_1)} V_0 \tag{3-24}$$

因半径由 r 到 r_2 之间的电位差为

$$V = IR_{rr_2} = \frac{V_0}{R} R_{rr_2} \tag{3-25}$$

所以，将式（3-22）和式（3-23）代入式（3-25）整理后得

$$V = V_0 \frac{\ln(r / r_2)}{\ln(r_1 / r_2)} \tag{3-26}$$

比较式（3-20）和式（3-26）可知，模拟场与静电场的电位分布完全相同。因此，通过测量电流场的电位分布，就可得到静电场的电位分布。

这个问题可以从电荷产生场的观点进行分析。当导电介质没有电流通过时，其中任一体积元内正负电荷数量相等，没有净电荷，呈电中性。当有电流通过时，单位时间内流入和流出该体积元的正负电荷数量相等，净电荷为零，仍然呈电中性。因而整个导电介质内有电流通过时也不存在净电荷。这就是说，稳恒电流场与真空中的静电场一样，都是由电极上的电荷产生的。只是真空中电极上电荷是不动的，而在有电流通过的导电介质中，电极上的电荷一边流失，一边由电源补充，在动态平衡下保持电荷的数量不变。

由式（3-26）可以看出，对于特定的电极组态，等位线仅仅是坐标 r 的函数，它的位置和形状与加在电极上的电压大小无关。因此，用低电压电源测绘出来的电场分布曲线也适用于高电压。

由式（3-26）还可以看出，等位线的分布不会因为导电介质的电阻率的大小而改变。即使电介质的电阻率无穷大，相应的电流减小到零，等位线的分布也不变。然而，此时电流场的分布能更加逼真地反映出静电场的电位、电场分布。

为了处理数据方便，可以将式（3-26）写成如下形式

$$\ln r = \ln r_2 + \left(\ln \frac{r_1}{r_2} \right) \frac{V}{V_0} \tag{3-27}$$

显然，如果以 $\ln r$ 为纵坐标，V/V_0 为横坐标，则上式表示一条截距为 $\ln r_2$、斜率为 $\ln(r_1/r_2)$ 的直线。

由于电位的测量比电场强度的测量容易实现，因此通常先利用电桥平衡法或数字毫伏

表测出电位分布，然后根据场强 E 与电位 V 的关系式

$$E = -\frac{\mathrm{d}V}{\mathrm{d}r} \tag{3-28}$$

计算出电场强度；或者根据电场线与等位线正交的关系，描绘出电场线即电场的分布。

实验装置

DZ-2 静电场模拟描迹仪（见图 3-19），AC-12 静电场描绘电源（交流电源，0～12V 连续可调，见图 3-20）（为什么可以用交流电源？），晶体管毫伏表（见图 3-21）。

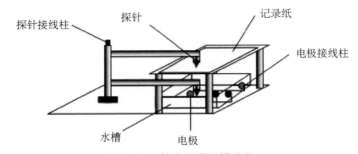

图 3-19　静电场模拟描迹仪

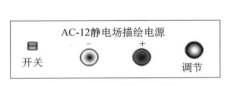

图 3-20　静电场描绘电源

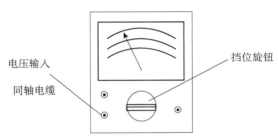

图 3-21　晶体管毫伏表

实验内容

1. 用静电场模拟描迹仪描绘长同轴圆柱体电极的模拟电场分布。

（1）电解槽灌满水放于 DZ-2 静电场描绘仪下层；

（2）连接好线路后，打开 DA-16 晶体管毫伏表电源，选择适当的量程（10V），并调零；

（3）打开 AC-12 静电场描绘电源开关，调节输出电压到 10V；

（4）描绘 0V、2V、4V、6V、8V、10V 等位点，画出等位线；

（5）根据等位线和电场线的关系在坐标纸上描绘静电场。

2. 在坐标纸上描绘出各种电极的电场线和等位线，测量长同轴圆柱体电极的各等位线半径，验证长同轴圆柱体电极的各等位线半径分布是否满足公式（3-26）。

思考题

1. 实验中如果输出电压由 10V 调整为 12V，同一等势面（如 8V）半径有什么变化？

2. 电极内部是否有静电场分布？

3. 实验中是否可用交流电源替换直流电源？

操作导引

资源 3-4：模拟法测绘静电场

3.6　磁场的测量

在粒子回旋加速器、受控热核反应、同位素分离、地球资源探测、地震预测和磁性材料研究等方面，经常需要对磁场进行测量。测量磁场的方法较多，主要有冲击电流计法、霍尔效应法、感应法、核磁共振法和天平法等。具体采用什么方法，要由被测磁场的类型和强弱来确定。

实验目的

1. 了解长直螺线管周围的磁场分布；
2. 学习测量交变磁场的一种方法，加深理解磁场的一些特性及电磁感应定律；
3. 了解产生霍尔效应的机理，掌握用霍尔效应测量磁场的方法。

实验原理

1. 长直螺线管的磁场分布

如图 3-22 所示，设螺线管长为 L，半径为 r_0，上面均匀地单层密绕 N 匝线圈，线圈均匀通以电流 I，并放于磁导率为 μ 的磁介质中。如果在螺线管上取一小段线圈 dL，则可看作是通过电流为 $IN\dfrac{\mathrm{d}L}{L}$ 的圆形电流线圈。它在螺线管轴线上距离中心为 X 的点 P 产生的磁感强度 dB_x 为

$$\mathrm{d}B_\mathrm{X} = \left(\frac{IN\mathrm{d}L}{L}\right)\frac{\mu r_0^2}{2r^3} \tag{3-29}$$

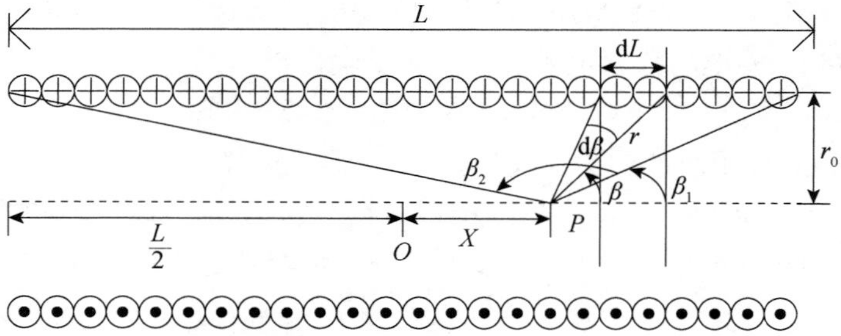

图 3-22　螺线管磁场

由图 3-22 可知，$r_0 = r\sin\beta$，$\mathrm{d}L = \dfrac{r\mathrm{d}\beta}{\sin\beta}$，代入式（3-29）得到

$$dB_x = \frac{\mu IN}{2L}\sin\beta d\beta \tag{3-30}$$

因为螺线管的各小段在 P 点的磁感强度的方向均沿轴线向左，整个螺线管在 P 点产生的磁感强度为

$$B_x = \int_{\beta_1}^{\beta_2} dB_x = \frac{\mu NI}{2L}(\cos\beta_1 - \cos\beta_2)$$

$$= \frac{\mu NI}{2L}\left\{ \frac{\dfrac{L}{2} - X}{\left[\left(\dfrac{L}{2} - X\right)^2 + r_0^2\right]^{\frac{1}{2}}} + \frac{\dfrac{L}{2} + X}{\left[\left(\dfrac{L}{2} + X\right)^2 + r_0^2\right]^{\frac{1}{2}}} \right\} \tag{3-31}$$

令 $X=0$，得到轴线中点 O 的磁感强度为

$$B_0 = \frac{\mu NI}{(L^2 + 4r_0^2)^{\frac{1}{2}}} \tag{3-32}$$

令 $X = \dfrac{L}{2}$，得到螺线管端面中心点的磁感强度为

$$B_{\frac{L}{2}} = \frac{\mu NI}{2(L^2 + r_0^2)^{\frac{1}{2}}} \tag{3-33}$$

因此，当 $L \gg R_0$ 时可知（n 代表单位长度的线圈匝数）

$$B_0 = \frac{\mu NI}{L} = \mu nI$$
$$B_{\frac{L}{2}} = \frac{\mu NI}{2L} = \frac{1}{2}\mu nI \tag{3-34}$$

2．霍尔效应法测量原理

（1）霍尔效应

1879 年，霍尔在研究载流导体在磁场中受力的性质时发现，处在磁场中的导体，如果磁场与电流垂直，则在与磁场和电流都垂直的方向上出现横向电位差，这就是霍尔效应。随着半导体技术的迅速发展，特别是找到了对霍尔效应表现较为显著的半导体材料后，霍尔效应及其应用才受到人们的重视。利用霍尔效应可以检测半导体材料的某些参数、测量磁感强度等。由于霍尔片可以做得很小，所以用它可以对磁场进行点测量，而且测量迅速可靠，在科学实验中得到广泛应用。

如图 3-23（a）所示，把半导体薄片放在磁场中，并使薄片平面垂直于磁场方向。若在纵向 4、3 通以电流 I，那么在横向 2、1 两端间出现电位差，这种现象叫"霍尔效应"，出现的电位差叫霍尔电压 U_H。

载流子极性决定了霍尔电压的符号，如果载流子为正，则 1 处的电位比 2 处的电位高，如图 3-23（a）所示；如果载流子为负，则 1 处的电位低，如图 3-23（b）所示。实验证明，金属中的载流子带负电荷。

霍尔电压差的出现是由于 I 沿 4、3 方向通过薄片时，薄片内定向移动的载流子要受到

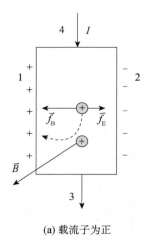 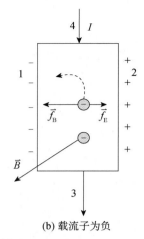

(a) 载流子为正　　　　　　　　　(b) 载流子为负

图 3-23　霍尔效应

洛仑兹力 $\vec{f}_B$ 的作用而偏转。其中洛仑兹力为

$$\vec{f}_B = e\vec{v}_d \times \vec{B} \tag{3-35}$$

式中，e、$\vec{v}_d$、$\vec{B}$ 分别是载流子的电量、移动速度、磁感强度。载流子偏转的结果使电荷在横向的 1、2 两个端面聚集而形成静电场 $\vec{E}$，这个电场作用在电荷上的电场力为 $\vec{f}_E$。

$$\vec{f}_E = e\vec{E} \tag{3-36}$$

其方向与洛仑兹力相反。开始时电场力比洛仑兹力小，电荷继续在 1、2 两端面上积聚，随着聚积电荷的不断增多，电场力不断增大，最后达到一个稳定状态，即电场力与洛仑兹力大小相等。

上述过程，在短暂的 $10^{-13}\sim10^{-11}$s 内就能完成。当系统达到这个稳定态的时候，根据式（3-36）有

$$f_E = eE = eU_H/b \tag{3-37}$$

其中，b 为产生霍尔电压的两侧面 1、2 间的距离。

综合式（3-36）和式（3-37）得到

$$U_H = v_d Bb \tag{3-38}$$

考虑到电流 I 和电子电量 e 之间的关系：

$$I = ev_d Sn, \text{ 即 } v_d = \frac{I}{eSn} \tag{3-39}$$

其中，n 为自由电子的浓度，S 为垂直于电流方向的横截面面积。

将式（3-39）代入式（3-38）得到

$$U_H = \frac{b}{eSn}IB = K_H IB \tag{3-40}$$

即霍尔电压与磁感强度及通过的电流成正比。

式（3-40）中，K_H 称为霍尔元件的灵敏度，它的大小与薄片的材料性质和尺寸有关；对于一定的半导体霍尔元件是一常数，可用实验方法测量，它表示霍尔元件在单位磁感强度和单位工作电流强度下的霍尔电压的大小，单位是 mV/mA·T 或 V/A·T。

实验所用的半导体霍尔元件长 4.0mm，宽 2.0mm，厚 0.2mm，在长边两端 3、4 的引

线为工作电流的引线，短边两端 1、2 的引线为霍尔电压的引线。将霍尔元件封装在有机玻璃管内，并粘装在铜管的一端，作成一个测量磁场的探头。

（2）利用霍尔效应测量电压

如果已知霍尔元件的灵敏度 K_H，用仪器测出工作电流 I 及霍尔电压 U_H，就可以得出未知磁场 B，即有

$$B = \frac{U_H}{K_H I} \tag{3-41}$$

霍尔效应测量磁场的原理电路如图 3-24 所示。

以上结论是在理想情况下得出的，实际测得的并不仅仅是 U_H，还包括其他因素引起的附加电压，从而产生误差。下面对测量不准确的原因及实验时所采用的消除方法进行说明。

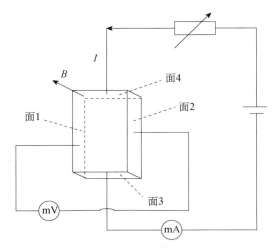

图 3-24 霍尔效应测量磁场原理图

① 接通工作电流后，假定霍尔电极 1、2 位于同一个等位面上；即当磁场不存在时，3、4 两端没有电位差。由于从半导体材料不同部位切割制成的霍尔元件本身不很均匀，性能稍有差异，加上按几何对称确定 1、2 位置的误差，实际上不能保证 1、2 处在同一等位面上。因此，霍尔元件或多或少都存在由于 1、2 电位不相等所造成的电压 U_0。显然，U_0 随工作电流 I 的换向而换向，而 B 的换向对 U_0 的正负没有影响。

② 假定载流子（电子或空穴）都是以同一速度 υ 在电流方向上迁移，实际上载流子的速度有大有小，它们在磁场中所受到的作用力并不相等。速度大的载流子，绕大圆轨道运动；速度小的载流子，绕小圆轨道运动。导致霍尔元件的左右两侧面中，一个侧面快的载流子较多，因而温度较高，另一个侧面慢的载流子较多，温度较低。从而引起 1、2 两端出现温差电压 U_t，这一现象称为爱廷豪森效应。不难看出，U_t 随着 B、I 的换向而换向。

③ 由于工作电流引线的焊点 3、4 处的电阻不相等，通电流后发热程度不同，3、4 两端的温度也不同，而载流子总是倾向于从热端扩散到冷端。因此，在 3、4 之间出现热扩散电流。在磁场作用下，在 1、2 之间产生类似于霍尔电压的电压 U_p，这种现象称为能斯脱效应。U_p 随 B 的换向而换向，而与 I 的换向无关。

④ 上述热扩散电流各载流子的迁移速度并不相同，根据爱廷豪森效应的原理，又在 1、

2 两端引起附加的温差电压 U_s，这一现象称为里纪-勒杜克效应。U_s 随 B 的换向而换向，而与 I 的换向无关。

综合以上所述，在确定的磁场 B 和工作电流 I 的条件下，实际测量的 1、2 两端的电压 U，不仅包括 U_H，还包括了 U_0、U_t、U_p、U_s，是这 5 种电压的代数和。例如，假设 B 和 I 的大小不变，方向如图 3-24 所示；又设 1、2 间的 U_0 为正，3 端的温度比 4 端高，测得 1、2 间的电压为 U_1，则

$$U_1 = U_H + U_0 + U_t + U_p + U_s$$

若 B 不变，I 换向，则测得 1、2 间的电压为

$$U_2 = -U_H - U_0 - U_t + U_p + U_s$$

若 B 换向，I 不变，则测得 1、2 之间的电压为

$$U_3 = -U_H + U_0 - U_t - U_p - U_s$$

若 B 和 I 同时换向，则测得 1、2 间的电压为

$$U_4 = U_H - U_0 + U_t - U_p - U_s$$

由这 4 个等式得到

$$U_H = \frac{1}{4}(U_1 - U_2 - U_3 + U_4) - U_t$$

考虑到温差电压 U_t 一般比 U_H 小得多，在误差范围内可以略去（若 U_t 比较大或者要求准确测量磁场，可以用等温槽来消除 1、2 两端的温度差），所以霍尔电压 U_H 为

$$U_H = \frac{1}{4}(U_1 - U_2 - U_3 + U_4) \tag{3-42}$$

还应指出，测量恒定磁场时，工作电流 I 也可以用交流（在这种情况下，因为工作电流 I 变化快，U_t 始终来不及建立，故可消除 U_t），这时霍尔电压也是交变的，而公式中的 I 和 U_H 均应理解为有效值。

另外，采用低掺杂、低载流子浓度的硅材料制作霍尔元件，在磁场较弱和室温条件下，可忽略三种效应的影响。

3．探测线圈法测量原理

探测线圈法测量磁场是基于电磁感应原理，测量螺线管中产生的交变磁场，原理电路如图 3-25 所示。当螺线管 A 中通过一个低频的交流电流 $i(t) = I_0 \sin \omega t$ 时，在螺线管内产生一个与电流成正比的交变磁场

$$B(t) = C_p i(t) = B_0 \sin \omega t \tag{3-43}$$

其中，C_p 是比例常数。

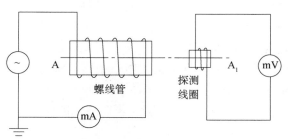

图 3-25 探测法测量磁场实验原理图

把探测线圈 A_1 放在螺线管内部或附近，在 A_1 中将产生感生电动势，其大小取决于线圈所在处的磁场大小、线圈结构和线圈相对于磁场的取向。探测线圈的尺寸比较小，匝数比较少，若其截面积为 S_1，匝数为 N_1，线圈平面的法线与磁场方向的夹角为 θ，则穿过线圈的磁链数为

$$\psi = N_1 S_1 B(t) \cos\theta \tag{3-44}$$

根据法拉第定律，线圈中的感生电动势为

$$E(t) = \frac{\mathrm{d}\psi}{\mathrm{d}t} = -N_1 S_1 \cos\theta \frac{\mathrm{d}B(t)}{\mathrm{d}t} \tag{3-45}$$

通常测量的是电压的有效值。设 $E(t)$ 的有效值为 V，$B(t)$ 的有效值为 B，则有

$$V = N_1 S_1 \omega B \cos\theta \tag{3-46}$$

由此得出磁感应强度为

$$B = \frac{V}{N_1 S_1 \omega \cos\theta} = \frac{V}{2\pi^2 N_1 r^2 f \cos\theta} \tag{3-47}$$

其中，r 是探测线圈的半径，f 是交变电源的频率。在测量过程中如始终保持 A 和 A_1 在同一轴线上，此时 $\cos\theta = 1$，则螺线管中的磁感应强度为

$$B = \frac{V}{2\pi^2 N_1 r^2 f} \tag{3-48}$$

在实验装置中，在待测螺线管回路中串接毫安表用于测量螺线管中交变电流的有效值。在探测线圈 A_1 两端连接数字毫伏表用于测量 A_1 中感生电动势的有效值。在使用探测线圈法测量直流磁场时，可以使用冲击电流计作为探测仪器。

实验装置

1．霍尔效应法测量装置

实验装置包括 HLZ-2 螺线管磁场仪和 FD-ICH-II 磁场测试仪。

HLZ-2 螺线管磁场仪主体外围是一个螺线管，螺线管内部有一个安装在连杆上的霍尔片，另外仪器还包含电流和磁场的换向开关和机械传动装置，参看图 3-26。

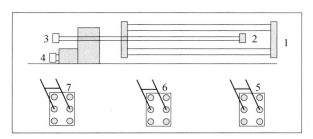

图 3-26　HLZ-2 螺线管磁场仪

1—螺线管；2—霍尔元件；3—垂直移动尺；4—水平移动尺；5—激磁电流换向开关；

6—霍尔电压换向开关；7—工作电流换向开关

FD-ICH-II 磁场测试仪是与磁场仪配套的电源、测试仪器，提供工作电流（可调节）、测量霍尔电压、激磁电流（可调节），参看图 3-27。

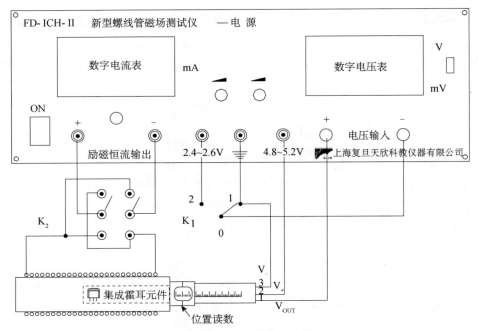

图 3-27　磁场测试仪线路连接图

2．探测线圈法测量装置

实验装置如图 3-25 所示，包括低频信号发生器一台，交流毫安表和数字毫伏表各一只，螺线管和探测线圈各一个。

实验内容

1．霍尔效应法实验内容

（1）按照图 3-26 连接线路，通过调节旋钮，调节工作电流 $I=10\text{mA}$，激磁电流 $I_m=1.00\text{A}$。

（2）调节水平移动尺，使霍尔元件位于螺线管内不同位置，通过螺线管磁场仪上的换向开关，按顺序变换工作电流和激磁电流的方向，测量电压 U_1、U_2、U_3、U_4，根据公式（3-42）计算霍尔元件所处位置的霍尔电压，绘制螺线管内部磁场分布曲线。

（3）研究霍尔元件的工作电流与霍尔电压的关系。

2．探测线圈法实验内容

（1）测量螺线管中的磁感应强度，研究螺线管中磁感应强度 B 与电流 I 和感生电动势 V 之间的关系。

① 记下螺线管 A 的半径 R、长度 $2l$、总匝数 N，探测线圈 A_1 的半径 r_1 和总匝数 N_1（由实验室给出）。

② 按图 3-25 连接好线路，由于实验中毫伏表需要经常短路调零，为方便操作要加入一个单刀双掷开关（由学习者自己设计）。

③ A 和 A_1 两个中心点的距离代表磁场场点坐标 x，其值由实验装置中的直尺读出。取 $x=0$，低频信号发生器频率分别选取 $f=1\,500\text{Hz}$、750Hz、375Hz。调节信号输出使输

出电流从 15.0 mA 变至 50.0 mA，每隔 5.0 mA 记录相应的感生电动势值 V。将数据列表后在同一张坐标纸上做出不同频率的 $V-I$ 曲线进行比较，并对结果进行分析讨论。

④ 取 $x=l$，频率和电流分别取 $f=1\,500\,Hz$、$I=12.5\,mA$，$f=750\,Hz$、$I=25.0\,mA$，$f=375\,Hz$、$I=50.0\,mA$，测出对应的 V 值。从测量结果中可以得出什么结论？

⑤ 从以上测量数据中取出 $x=0$、$f=750\,Hz$、$I=25.0\,mA$ 和对应的 V 值，再取 $x=l$、$f=750\,Hz$、$I=25.0\,mA$ 和对应的 V 值，分别用公式（3-31）和（3-47）计算出 B 值，并对得出的 B 值进行比较和讨论。

（2）测量螺线管轴线上的磁场分布

① 仍按图 3-25 接线（毫安表可不接入），取 $f=1\,500\,Hz$，当 $x=0$ 时调节信号发生器的输出，使毫伏表用某量程时有接近满刻度的指示，记录此时的 V 值。

② 移动探测线圈 A_1，每隔 1.0 cm 记录对应的 V 值，特别记下 $x=l$ 时的 V 值。当 $x>12\,cm$ 时，每 0.5 cm 记录一次 V 值，直至 $x=18.0\,cm$ 为止。

③ 作出 $V(x)-x$ 曲线，它是否就是相应的 $B(x)-x$ 曲线？对曲线进行分析。

④ 计算 $V_{x=l}/V_{x=0}$ 是否等于 $1/2$，为什么？

（3）观察互感现象

① 仍按图 3-25 接线，接入毫安表。选取 $0<x<l$ 中任意一个位置，取 $f=1\,000\,Hz$，$I=45.0\,mA$，记录此时的 V 值。

② 不改变 A 和 A_1 的相对位置，以及 f 和 I，把 A_1 改接到信号发生器上，把 A 接到毫伏表上，记录此时 V 的。两次测量的 V 值是否一样，为什么？

思考题

1. 在霍尔效应法测量磁场过程中保持工作电流不变的原因是什么？

2. 在霍尔效应法测量磁场过程中如何用实验的方法判断磁感强度与霍尔元件平面垂直？

3. 用探测线圈法测量磁场时，为何产生磁场的线圈中必须通过低频交流电流，而不能通过高频交流电流？

操作导引

资源 3-5：霍尔效应法测量磁场

第 4 章　波动学与光学实验

4.1　弦振动的研究

通常我们通过入射波和反射波叠加得到驻波，如在和音叉连接的一根张紧的弦线上，可以直观而清楚地了解弦振动时驻波形成的过程。用它可以研究弦振动的基频与张力、弦长的关系，从而测量在弦线上横波的传播速度，并由此求出音叉的频率。驻波在声学、无线电电子学和光学中都很重要，驻波可用于测定波长，也可用于测定振动系统所能激发的振动频率，观察弦振动所形成的驻波。

实验目的

1. 用弦驻波法测量张紧弦线上驻波的波长；
2. 研究弦线上张力与弦线上驻波的波长之间的关系；
3. 研究均匀弦线横波的传播速度与张力、弦线密度之间的关系。

实验装置

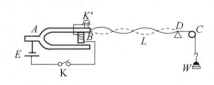

图 4-1　驻波实验装置

驻波实验装置如图 4-1 所示，弦线中的张力大小可以通过增减砝码的质量来改变。音叉的振动利用电磁铁激发，电源的一端接电磁铁的一端，电源的另一端通过调节螺钉与音叉叉股外侧的弹簧片相接触。当弹簧与电磁铁线圈另一端相接，则电路接通，电磁铁引吸音叉。音叉被吸动后调节螺钉与弹簧片不再接触，电流中断，电磁铁失去吸引音叉的作用，音叉又回到原来的位置。这样反复作用的结果，就使音叉按其固有频率振动起来。

实验原理

1．弦线上横波的传播速度与弦线张力及线密度的关系

在张紧的弦线上一横波沿 x 轴正方向传播，为求波的传播速度，取弦上一微线元 $\mathrm{d}s$。如图 4-2 所示，设弦线的线密度为 ρ，在 $\mathrm{d}s$ 两端 A、B 处受到相邻线元的张力分别为 F_1、F_2，

方向沿弦线的切线方向。在弦线上传播的横波在 x 方向运动，由牛顿第二定律有

$$F_2 \cos\alpha_2 - F_1 \cos\alpha_1 = 0 \tag{4-1}$$

$$F_2 \sin\alpha_2 - F_1 \sin\alpha_1 = \rho\,\mathrm{d}s\frac{\mathrm{d}^2 y}{\mathrm{d}t^2} \tag{4-2}$$

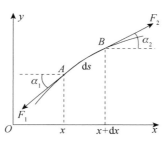

图 4-2　横波的传播

对于微线元 $\mathrm{d}s$，α_1、α_2 趋于零，$\mathrm{d}s \approx \mathrm{d}x$，因此 $\cos\alpha_1 \approx \cos\alpha_2 \approx 1$；$\sin\alpha_1 \approx \tan\alpha_1$，$\sin\alpha_2 \approx \tan\alpha_2$。而

$$\tan\alpha_1 = \left(\frac{\mathrm{d}y}{\mathrm{d}x}\right)_x \qquad\qquad \tan\alpha_2 = \left(\frac{\mathrm{d}y}{\mathrm{d}x}\right)_{x+\mathrm{d}x}$$

将以上关系式代入式（4-1）、（4-2）得

$$F_2 - F_1 = 0 \Rightarrow F_2 = F_1 = F \tag{4-3}$$

$$F\left(\frac{\mathrm{d}y}{\mathrm{d}x}\right)_{x+\mathrm{d}x} - F\left(\frac{\mathrm{d}y}{\mathrm{d}x}\right)_x = \rho\,\mathrm{d}x\frac{\mathrm{d}^2 y}{\mathrm{d}t^2} \tag{4-4}$$

将式（4-4）中第一项按泰勒公式展开并略去二级小量，得

$$\left(\frac{\mathrm{d}y}{\mathrm{d}x}\right)_{x+\mathrm{d}x} = \left(\frac{\mathrm{d}y}{\mathrm{d}x}\right)_x + \left(\frac{\mathrm{d}^2 y}{\mathrm{d}x^2}\right)\mathrm{d}x \tag{4-5}$$

由式（4-4）和式（4-5）得

$$F\left(\frac{\mathrm{d}^2 y}{\mathrm{d}x^2}\right)_x \mathrm{d}x = \rho\,\mathrm{d}x\frac{\mathrm{d}^2 y}{\mathrm{d}t^2} \tag{4-6}$$

即

$$\frac{\mathrm{d}^2 y}{\mathrm{d}t^2} = \frac{F}{\rho}\frac{\mathrm{d}^2 y}{\mathrm{d}x^2} \tag{4-7}$$

由简谐波的波动方程

$$\frac{\mathrm{d}^2 y}{\mathrm{d}t^2} = v^2\frac{\mathrm{d}^2 y}{\mathrm{d}x^2} \tag{4-8}$$

可得该横波的波速为

$$v = \sqrt{\frac{F}{\rho}} \tag{4-9}$$

2．驻波的形成和特点

音叉振动沿弦线的传播形成了行波，当在传播方向上遇到障碍后，波被反射并沿相反方向传播，反射波与入射波振动频率相同、振幅相同，所以它们是一对相干波。当入射波

与反射波在反射点的振动相位差为 π 时，在弦线上形成稳定的驻波，并在反射处形成波节。设向右传播的波与向左传播的波在原点的相位相同，则它们的方程分别为

$$y_1 = A\cos 2\pi\left(\frac{t}{T} - \frac{x}{\lambda}\right) \tag{4-10}$$

$$y_2 = A\cos 2\pi\left(\frac{t}{T} + \frac{x}{\lambda}\right) \tag{4-11}$$

合成波为驻波，其方程为

$$y = y_1 + y_2 = \left(2A\cos\frac{2\pi}{\lambda}x\right)\cos\frac{2\pi}{T}t \tag{4-12}$$

由式（4-12）可知，入射波与反射波合成后弦线上各点都以同一频率做简谐振动，它们的振幅为 $\left|2A\cos\frac{2\pi}{\lambda}x\right|$，即驻波的振幅与时间无关，而与弦线上质点的位置有关。当 $x = (2k+1)\frac{\lambda}{2}$，$(k = 0, \pm1, \pm2, \cdots)$ 时，振幅 $\left|2A\cos\frac{2\pi}{\lambda}x\right| = 0$，这些点称为波节；当 $x = k\frac{\lambda}{2}$，$(k = 0, \pm1, \pm2, \cdots)$ 时，振幅 $\left|2A\cos\frac{2\pi}{\lambda}x\right| = 2A$，这些点振幅最大，称为波腹。两相邻波腹或两相邻波节之间的距离均为 $\lambda/2$。即

$$\Delta x = x_{k+1} - x_k = \frac{\lambda}{2} \tag{4-13}$$

由上式可知，入射波与反射波合成后弦线上各点都以同一频率做简谐振动，它们的振幅为 $\left|2A\cos\frac{2\pi}{\lambda}x\right|$，即驻波的振幅与时间无关，而与弦线上质点的位置 x 有关。

从振动相位来看，在式（4-12）中，各质点的相位由 $2A\cos\frac{2\pi}{\lambda}x$ 的正负决定。凡是 $2A\cos\frac{2\pi}{\lambda}x$ 为正的各点相位相同，凡是 $2A\cos\frac{2\pi}{\lambda}x$ 为负的各点相位也相同，但二者的相位相反。据此可知，两个相邻波节之间的所有点的振动相位相同，而波节两侧质点的振动相位相反。即同一段内各质点的振动步调一致，同时达到正向最大位移，同时通过平衡位置，又同时达到负方向最大位移处，只是各质点振幅不同；相邻两段质点振动步调相反，同时沿相反方向达到最大位移，又同时以方向相反的速度通过平衡位置。可见当驻波形成时弦线做分段振动，如图 4-3 所示。

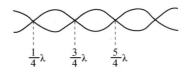

图 4-3　驻波分段振动示意图

3．振动频率与横波波长、弦线张力及弦线密度的关系

对于两端固定的弦线，并非任何波长（或频率）的波都能在弦线上形成驻波。因为两相邻波腹或两相邻波节之间的距离都是半个波长，所以只有当弦线的长度等于半波长的整

数倍时才能形成稳定的驻波。即

$$L = n \cdot \frac{\lambda}{2}, \quad (n = 0, 1, 2, \cdots) \tag{4-14}$$

或

$$\lambda = \frac{2L}{n}, \quad (n = 0, 1, 2, \cdots) \tag{4-15}$$

式中，n 为弦线上驻波波腹数。显然在驻波实验中，只要测得两相邻波腹或两相邻波节之间的距离，就能确定该波长，故波长与波速和波的频率的关系为

$$v = f\lambda \tag{4-16}$$

将式（4-15）、式（4-16）代入式（4-9）得

$$f = \frac{n}{2L}\sqrt{\frac{F}{\rho}} = \frac{n}{2L}\sqrt{\frac{mg}{\rho}} \tag{4-17}$$

式（4-17）表明了振动频率与横波波长、弦线张力及弦线密度的关系。

实验内容

（1）用天平称量弦线的质量，用米尺测量弦线总长，求出弦线的线密度 ρ（或由实验室给出）。

（2）接通电源，使音叉振动；增加砝码，调整劈尖位置，改变弦线长度 L，使弦线上产生稳定的驻波。

（3）逐渐增加砝码质量（每次增加 10g），微调弦线长度，使弦线产生稳定驻波，分别测出 n 个半波长的弦线长度，测出至少 5 组数据，记下驻波段数分别为 $n = 1, 2, \cdots$ 时相应的砝码质量 m 和弦线的有效长度 L。

（4）将各次实验所得数据分别代入式（4-17），计算各次弦线振动的频率（音叉频率）并取平均值。

思考题

1. 为什么调整琴弦的松紧就改变了音调？
2. 在实验中，线端所悬砝码摆对实验有什么影响？
3. 弦线的长度及线密度不同，对音叉频率是否有影响，为什么？

操作导引

资源 4-1：驻波法测量音叉频率

4.2　声速测量

声波是一种在弹性媒质中传播的机械波，频率低于 20Hz 的声波称为次声波；频率为

20Hz～20kHz 的声波可以被人听到，称为可闻声波；频率在 20kHz 以上的声波称为超声波。

超声波在媒质中的传播速度与媒质的特性及状态因素有关。因而通过对媒质中声速的测量，可以了解媒质的特性或状态变化。例如，氯气（气体）与蔗糖（溶液）的浓度、氯丁橡胶乳液的比重以及输油管中不同油品的分界面等，这些问题都可以通过测量这些物质中的声速来解决。可见，声速测量在工业生产上具有一定的实用意义。同时，通过测量液体中的声速，可了解液体中声纳技术应用的基本概念。

实验目的

1. 了解压电换能器的功能，加深对驻波及振动合成等理论知识的理解；
2. 学习用共振干涉法、相位比较法和时差法测量超声波的传播速度；
3. 通过用时差法对多种介质的测量，了解声纳技术的原理及其重要的实用意义。

实验原理

在波动过程中波速 v、波长 λ 和频率 f 之间存在着下列关系：

$$v = f\lambda$$

实验中可通过测量声波的波长 λ 和频率 f 来求得声速 v，常用的方法有共振干涉法与相位比较法。

声波传播的距离 L 与传播的时间 t 存在下列关系：

$$L = vt$$

只要测出 L 和 t 就可计算出声波传播的速度 v，这就是时差法测量声速的原理。

1. 共振干涉法（驻波法）测量声速的原理

当两束幅度相同、方向相反的声波相叠加时，将产生干涉现象，出现驻波。对于波束 1

$$Y_1 = A\cos(\omega t - 2\pi X / \lambda)$$

波束 2

$$Y_2 = A\cos(\omega t + 2\pi X / \lambda)$$

当它们相交会时，叠加后的波形成波束 3

$$Y_3 = 2A \cdot \cos(2\pi X / \lambda) \cdot \cos\omega t$$

式中，ω 为声波的角频率，t 为经过的时间，X 为经过的距离。由此可见，叠加后的声波幅度，随距离按 $\cos(2\pi X / \lambda)$ 变化，如图 4-4 所示。

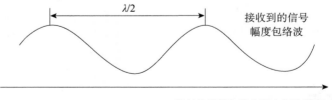

图 4-4　叠加后的声波形状

压电陶瓷换能器 S_1 作为声波发射器，由信号源为其提供某频率的交流电信号，再经逆压电效应发出一平面超声波；而换能器 S_2 则作为声波的接收器，正压电效应将接收到的声压转换成电信号，该信号输入示波器，我们在示波器上可看到一组由声压信号产生的正弦波形。声源 S_1 发出的声波，经介质传播到 S_2，在接收声波信号的同时反射部分声波信号，如果接收面 S_2 与发射面 S_1 严格平行，入射波即在接收面上垂直反射，入射波与发射波相干涉形成驻波。我们在示波器上观察到的实际上是这两个相干波合成后在声波接收器 S_2 处的振动情况。移动 S_2 位置（即改变 S_1 与 S_2 之间的距离），从示波器显示上会发现当 S_2 在某些位置时振幅有最小值或最大值。根据波的干涉理论可以知道：任何两相邻的振幅最大值的位置之间（或两相邻的振幅最小值的位置之间）的距离均为 $\lambda/2$。为测量声波的波长，可以在一边观察示波器上声压振幅值的同时，缓慢地改变 S_1 和 S_2 之间的距离。示波器上就可以看到声振动幅值不断地由最大变到最小再变到最大，两相邻的振幅最大之间 S_2 移动过的距离亦为 $\lambda/2$。超声换能器 S_2 至 S_1 之间的距离的改变可通过转动螺杆的鼓轮来实现，而超声波的频率又可由声波测试仪信号源频率显示窗口直接读出。在连续多次测量相隔半波长的 S_2 的位置变化及声波频率 f 以后，我们可运用测量数据计算出声速，用逐差法处理测量的数据。

2．相位法测量声速原理

声源 S_1 发出声波后，在其周围形成声场，声场在介质中任一点的振动相位是随时间而变化的，但它和声源的振动相位差 $\Delta\Phi$ 且不随时间变化。

设声源方程为

$$F_1 = F_{01}\cos\omega t$$

距声源 X 处 S_2 接收到的振动为

$$F_2 = F_{02}\cos\omega\left(t-\frac{X}{\upsilon}\right)$$

两处振动的相位差

$$\Delta\Phi = \omega\frac{X}{\upsilon}$$

把 S_1 和 S_2 的信号分别输入到示波器 X 轴和 Y 轴，那么

当 $X=n\lambda$，即 $\Delta\Phi=2n\pi$ 时，合振动为一斜率为正的直线；

当 $X=(2n+1)\lambda/2$，即 $\Delta\Phi=(2n+1)\pi$ 时，合振动为一斜率为负的直线；

当 X 为其他值时，合成振动为椭圆，如图 4-5 所示。

3．时差法测量声速原理

以上两种方法测声速，都是用示波器观察波谷和波峰，或观察两个波间的相位差，原理是正确的，但存在读数误差，较精确测量声速的方法是时差法。时差法在工程中得到了广泛的应用，它是将经脉冲调制的电信号加到发射换能器上，声波在介质中传播，经过 t 时间后，到达 L 距离处的接收换能器，所以可以用公式 $v=L/t$ 求出声波在介质中传播的速度。时差法测量声速波形图如图 4-6 所示。

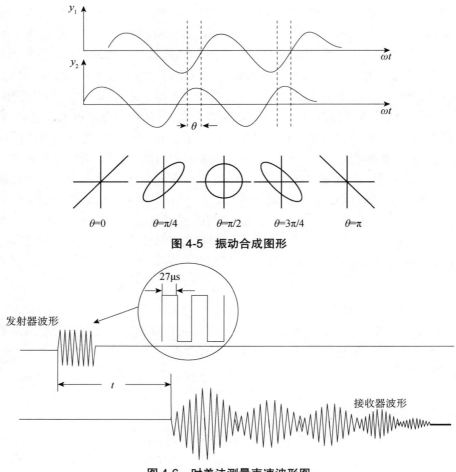

图 4-5　振动合成图形

图 4-6　时差法测量声速波形图

实验仪器

　　SV5 型声速测量组合仪，SV5 型声速测量专用信号源，示波器，300mm 游标卡尺。

　　声速测量组合仪（见图 4-7）主要由储液槽、传动机构、数显标尺、两对压电换能器组成。储液槽中的压电换能器供测量液体中声速使用，另一对换能器供测量空气及固体中声速使用。作为发射超声波用的换能器 S_1 固定在储液槽的左边，另一只接收超声波用的接收换能器 S_2 装在可移动滑块上。上下两只换能器的相对位移通过传动机构同步行进，并由数显表头显示位移的大小。

　　S_1 发射换能器超声波的正弦电压信号由 SV5 声速测量专用信号源供给，换能器 S_2 把接收到的超声波声压转换成电压信号，用示波器观察；时差法测量时则还要接到专用信号源进行时间测量，测得的时间值具有保持功能。

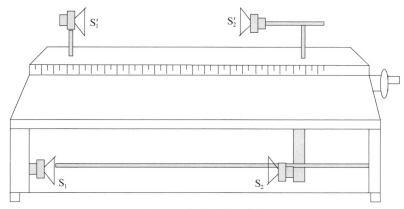

图 4-7 声速测量组合仪

实验内容

1. 声速测量系统的连接

专用信号源、测试仪、示波器之间连接方法见图 4-8。

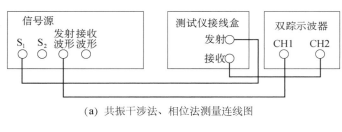

（a）共振干涉法、相位法测量连线图

（b）时差法测量连线图

图 4-8 测量连线图

2. 谐振频率的调节

根据测量要求初步调节好示波器，将专用信号源输出的正弦信号频率调节到换能器的谐振频率，以使换能器发射出较强的超声波，能较好地进行声能与电能的相互转换，以得到较好的实验效果，方法如下：

（1）将专用信号源的"发射波形"端接至示波器，调节示波器，能清楚地观察到同步的正弦波信号。

（2）调节专用信号源的上"发射强度"旋钮，使其输出电压在 $20V_{P-P}$ 左右；然后将换能器的接收信号接至示波器，调整信号频率为 25～45kHz，观察接收波的电压幅度变化；在某一频率点处（34.5～39.5kHz 之间，因不同的换能器或介质而异）电压幅度最大，此点频率即是压电换能器 S_1、S_2 相匹配频率点，记录此频率 f_i。

（3）改变 S_1、S_2 的距离，使示波器的正弦波振幅最大，再次调节正弦信号频率，直至示波器显示的正弦波振幅达到最大值，共测量 5 次取平均频率 f。

3．共振干涉法（驻波法）测量波长

将测试方法设置为连续方式，按前面实验内容所用的方法，确定最佳工作频率。观察示波器，找到接收波形的最大值，记录幅度为最大时的距离，由数显尺上直接读出或在机械刻度上读出，记下 S_2 位置 X_0。然后，向着同方向转动距离调节鼓轮，这时波形的幅度会发生变化（同时在示波器上可以观察到来自接收换能器的振动曲线波形发生相移），逐个记下振幅最大的 X_1，X_2，…，X_9 共 9 个点（含 X_0 为 10 个点），单次测量的波长 $\lambda_i=2|X_i-X_{i-1}|$。用逐差法处理这 10 个数据，即可得到波长 λ。

4．相位比较法（利萨如图形法）测量波长

将测试方法设置为连续波方式，确定最佳工作频率，将接收波连接到单踪示波器"Y"端，发射波接到"EXT"外触发端；对于二踪示波器，接收波接到"CH1"端，发射波接到"CH2"端，置于"X-Y"显示方式，适当调节示波器，出现利萨波形。转动距离，调节鼓轮，观察到的波形为一定角度的斜线，记下 S_2 的位置 X_0；再向前或者向后（必须是一个方向）移动一段距离，使观察到的波形又回到前面所说的特定角度的斜线，这时来自接收换能器 S_2 的振动波形发生了 2π 相移。依次记下示波器屏上斜率负、正变化的直线出现的对应位置 X_1，X_2，…，X_9，单次波长 $\lambda_i=2|X_i-X_{i-1}|$。多次测量后用逐差法处理数据，即可得到波长 λ。

5．干涉法、相位法的声速计算

已知波长 λ 和平均频率 f（频率由声速测试仪信号源频率显示窗口直接读出），利用公式 $v=f\lambda$ 计算声速。由于声速还与介质温度有关，故需记下介质温度 t。

6．时差法测量声速

（1）空气介质

测量空气介质中的声速时，将专用信号源上"声速传播介质"置于"空气"位置，发射换能器（带有转轴）用紧定螺钉固定，然后将话筒插头插入接线盒的插座中。

将测试方法设置为脉冲波方式，将 S_1 和 S_2 之间的距离调到一定距离（≥50mm）。开启数显表头电源，并置 0，再调节接收增益，使示波器上显示的接收波信号幅度为 300～400mV（峰-峰值），以使计时器工作在最佳状态。然后记录此时的距离值和显示的时间值 L_{i-1}、t_{i-1}（时间由声速测试仪信号源时间显示窗口直接读出）；移动 S_2，记录下这时的距离值和显示的时间值 L_i、t_i。利用公式 $v_1=(L_i-L_{i-1})/(t_i-t_{i-1})$ 计算声速，同时记录介质温度 t。

需要说明的是，由于声波的衰减，移动换能器使测量距离变大（这时时间也变长）时，如果测量时间值出现跳变，则应顺时针方向微调"接收放大"旋钮，以补偿信号的衰减；反之测量距离变小时，如果测量时间值出现跳变，则应逆时针方向微调"接收放大"旋钮，以使计时器能正确计时。

（2）液体介质

当使用液体为介质测试声速时，先小心将金属测试架从储液槽中取出，取出时应使用

手指稍稍抵住储液槽，再向上取出金属测试架。然后向储液槽注入液体，直至液面线处，但不要超过液面线。注意：在注入液体时，不能将液体淋在数显表头上，然后将金属测试架装回储液槽。

专用信号源上"声速传播介质"置于"液体"位置，换能器的连接线接至测试架上的"液体"专用插座上，即可进行测试。操作与上述步骤（1）相同，同时记录介质温度。

（3）固体介质

测量非金属（有机玻璃棒）、金属（黄铜棒）固体介质中的声速时，可按以下步骤进行实验。

① 将专用信号源上的"测试方法"置于"脉冲波"位置，"声速传播介质"按测试材质的不同，置于"非金属"或"金属"位置。

② 先拔出发射换能器尾部的连接插头，再将待测的测试棒的一端面小螺柱旋入接收换能器中心螺孔内，再将另一端面的小螺柱旋入能旋转的发射换能器上，使固体棒的两端面与两换能器的平面可靠、紧密接触。注意：旋紧时，应用力均匀，不要用力过猛，以免损坏螺纹，拧紧程度要求两只换能器端面与被测棒两端紧密接触即可。调换测试棒时，应先拔出发射换能器尾部的连接插头，然后旋出发射换能器的一端，再旋出接收换能器的一端。

③ 把发射换能器尾部的连接插头插入接线盒的插座中，按图 4-8（b）接线，即可开始测量。

④ 记录信号源的时间读数，单位为 μs。测试棒的长度可用游标卡尺测量得到并记录。

⑤ 用以上方法调换第二长度及第三长度被测棒，重新测量并记录数据。

⑥ 用逐差法处理数据，根据不同被测棒的长度差和测得的时间差计算出被测棒中的声速。

7．数据处理

（1）自拟表格记录所有的实验数据，表格要便于用逐差法求相应位置的差值和计算 λ。

（2）以空气介质为例，计算出共振干涉法和相位法测得的波长平均值 λ 及其标准偏差 S_λ，同时考虑仪器的示值读数误差为 0.01mm，经计算得出波长的测量结果 $\lambda=\lambda\pm\Delta\lambda$。

（3）按理论值公式 $v_s = v_0\sqrt{T/T_0}$，计算出理论值 v_s。式中 $v_0=331.45$m/s 为 $T_0=273.15$K 时的声速（$T=(t+273.15)$K）。

（4）计算通过两种方法测量的 v 以及 Δv 值，其中 $\Delta v=v-v_s$。将实验结果与理论值比较，计算百分比误差，分析误差产生的原因。

（5）列表记录用时差法测量非金属棒及金属棒的实验数据。主要数据有：三根相同材质但不同长度待测棒的长度，每根待测棒所测得相对应的声速。

（6）用逐差法求相应的时差值，然后计算声速值，并与理论声速值进行比较，计算百分误差。

思考题

1. 声速测量中共振干涉法、相位法、时差法有何异同？

2. 为什么要在谐振频率条件下进行声速测量？如何调节和判断测量系统是否处于谐振状态？

3. 为什么发射换能器的发射面与接收换能器的接收面要保持互相平行？

4. 声音在不同介质中传播有何区别？声速为什么会不同？

操作导引

资源 4-2：共振干涉法测量声速

4.3 透镜焦距的测量

透镜是使用最广泛的一种光学元件，眼球也是一种透镜，我们正是通过这一对透镜来观看周围世界的。透镜及各种透镜的组合可形成放大的或缩小的实像及虚像。人类就是利用透镜及其组合来观察遥远宇宙中星体的运行情况以及肉眼看不见的微观世界的。

透镜是用透明材料（如光学玻璃、熔石英、水晶、塑料等）制成的一种光学元件，一般它由两个或两个以上共轴的折射表面组成。仅有两个折射面的透镜称单透镜，由两个以上折射面组成的透镜称组合透镜。多数单透镜的两个折射曲面都是球面或一面是球面而另一面是平面，故称其为球面透镜。它可分为凸透镜、凹透镜两大类，每类又有双凸（凹）、平凸（凹）、弯凸（凹）三种。两个折射面有一个不是球面（也不是平面）的透镜称为非球面透镜，它包括柱面透镜、抛物面透镜等。根据厚度的差异，透镜可分为薄透镜和厚透镜两种。连接透镜两表面曲率中心的直线称为透镜的主轴。透镜两表面在其主轴上的间隔与球面的曲率半径相比是不能忽略的，称为厚透镜；若可略去不计，则称其为薄透镜。实验室中常用的透镜大多为薄透镜。根据聚光性能的差异，透镜又可分为会聚透镜和发散透镜两种。

描述透镜的参数有许多，其中最重要、最常用的参数是透镜的焦距。利用不同焦距的透镜可以组合成望远镜、显微镜等。

实验目的

1. 学习测量薄透镜焦距的几种方法；
2. 掌握简单光路的调整方法；
3. 观察薄凸透镜成像的几种主要情况。

实验原理

1. 光源扩束系统

如图 4-9 所示，当一焦距很短的凹透镜 F_1（焦距为 f_1）的像方焦点和一个焦距较长的凸透镜 F_2（焦距为 f_2）的物方焦点重合时，可将一半径为 r_1 的光斑的入射平行光扩大为半径为 r_2 的光斑的平行光。

$$n = \frac{f_2}{f_1} = \frac{r_2}{r_1} \tag{4-18}$$

式中，n 为扩大倍数。光学上称其为扩束系统，常用于激光的扩束。

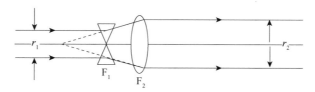

图 4-9　扩束系统示意图

2．直接法测焦距

平行光经凸透镜后会聚成一点，如图 4-10 所示，测得会聚点和透镜中心的位置 x_2、x_1，就可测得该透镜的焦距。

$$f = |x_2 - x_1| \tag{4-19}$$

3．公式法测焦距

固定凸透镜，将物体放在距透镜一倍焦距以外，在透镜的像方某处会获得一清晰的像，如图 4-11 所示，图中 p、p' 分别对应物距、像距。p、p' 不仅有大小，还有正负，正负遵守符号法则。物距、像距分别为自透镜中心处至物、像间的距离。当物、像为实物和实像时，对应的符号为正；反之为负。在近轴条件下，根据物像公式

$$\frac{1}{p} + \frac{1}{p'} = \frac{1}{f} \tag{4-20}$$

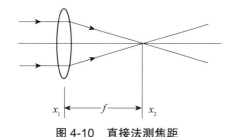

图 4-10　直接法测焦距　　　　　　　　　　　　　　　图 4-11　公式法测焦距

可以测得透镜的焦距。

4．位移法测焦距

当物距在一倍焦距和二倍焦距之间时，在像方可以获得一放大的实像；物距大于二倍焦距时，在像方可以得到一缩小的实像。当物和屏之间的距离 L 大于 $4f$ 时，固定物和屏，移动透镜至 C、D 处（如图 4-12 所示），在像屏上可分别获得放大和缩小的实像。C、D 间距离为 l，通过物像公式，可得

$$f = \frac{L^2 - l^2}{4L} \tag{4-21}$$

通过式（4-21），只要测得 L、l，即计算出焦距 f。

5．测凹透镜的焦距

凹透镜是一发散透镜，物经其仅能成虚像，虚像不能用像屏接收，这样无法直接用物成像的方法来计算焦距，但可利用凸透成的像作为凹透镜的物，使其成实像。利用物像公式可以计算出凹透镜的焦距，注意凹透镜的物、像焦距的正负符号及物距、像距的正负符

号。此时利用下式

$$\frac{1}{p} - \frac{1}{p'} = \frac{1}{f'} \tag{4-22}$$

可以计算出凹透镜的焦距。注意凹透镜的像方焦点在物空间，物方焦点在像空间。实验中应使物距、像距均大于 0，才能用像屏接收到实像，如图 4-13 所示。

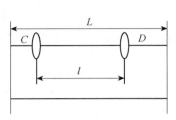

图 4-12　位移法测焦距

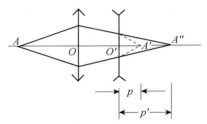

图 4-13　测凹透镜焦距

实验内容

1．光学元件同轴等高的调整

薄透镜成像公式仅在近轴光线的条件下才成立。对于一个透镜装置，应使发光点处于该透镜的主光轴上，并在透镜前适当位置上加一光栅，挡住边缘光线，使入射光线与主轴的夹角很小。对于由多个透镜等元件组成的光路，应当使各光学元件的主光轴重合，才能满足近轴光线的要求。通常把调整各光学元件主光轴的重合称为同轴等高的调整，显然同轴等高的调节是光学实验中必不可少的一个步骤。调整方法如下。

（1）粗调：把光源、透镜、物、屏等用光具夹夹好后，先将它们靠拢，调整高低、左右，使各元件中心大致在一条和导轨平行的直线上，并使它们的平面互相平行并且垂直于导轨。这一步骤靠眼睛判断，比较粗糙。

（2）细调：靠其他仪器或成像规律来判断，例如图 4-12 所示的实验，如果物的中心偏离透镜的光轴，那么在移动透镜的过程中，像的中心位置会改变，即大像和小像的中心不重合。这时，可以根据偏移的方向判断物中心究竟是偏左还是偏右，偏上还是偏下，然后加以调整。

2．测量凸透镜焦距

用公式法、位移法测量凸透镜的焦距。每组数据测量 3 次并对结果做误差分析，比较两种方法测量结果的差异。

（1）用公式法测量凸透镜的焦距

通过调整物、凸透镜、屏在光具座上的位置，使屏上清晰地出现物的倒立的实像；然后依次记录下物、凸透镜以及屏的位置坐标，并计算出物距和像距及凸透镜的焦距。

（2）用位移法测量凸透镜的焦距

固定物和屏的位置，并且物和屏之间的距离 L 大于 4f，分别测量凸透镜在屏上成一大一小两次清晰实像的位置，记录对应的位置坐标，计算 L、l，即可得焦距 f。

3．用公式法测量凹透镜的焦距

安置好光源、物、凸透镜和屏的位置，使屏上形成缩小的、清晰的实像，测量屏的位置，同时固定物和凸透镜。在凸透镜和屏之间放入凹透镜，移动凹透镜及屏，直到又一次在屏上找到清晰的像，该像即为凹透镜所成的实像，记录相关数据，由公式（4-22）可得凹透镜焦距 f。

思考题

1. 同轴等高调节的目的是要实现哪些要求？不满足这些要求时，对测量会有什么影响？
2. 试说明用位移法测量凸透镜的焦距时，为什么要选取物和屏的距离 L 大于 $4f$？
3. 设想一个最简单的方法来区分凸透镜和凹透镜（显然不许用手摸）。

操作导引

资源 4-3：薄透镜焦距的测量

4.4　分光计的调整与使用

分光计是精确测量光线偏转角的仪器，也称测角仪。光学中的许多基本量如波长、折射率等都可以直接或间接地表现为光线的偏转角，因而利用分光计测量波长、折射率，此外还能精确地测量光学平面间的夹角。许多光学仪器（棱镜光谱仪、光栅光谱仪、分光光度计、单色仪等）的基本结构也是以分光计为基础的，所以分光计是光学实验中的基本仪器之一。使用分光计时必须经过一系列的、精细的调整才能得到准确的结果，它的调整技术是光学实验中的基本技术之一，必须正确掌握。

实验目的

学习分光计的调整技术和技巧，并用它来测量三棱镜的偏向角。

实验原理

1. 分光计的结构

分光计主要由底座、平行光管、望远镜、载物台和读数圆盘五部分组成，外形如图 4-14 所示。

（1）底座——中心有一竖轴，望远镜和读数圆盘可绕该轴转动，该轴也称为仪器的公共轴或主轴。

（2）平行光管——是产生平行光的装置，管的一端装有会聚透镜，另一端是带有狭缝的圆筒，狭缝宽度可以根据需要调节。

（3）望远镜——观测用，由目镜系统和物镜组成，为了便于调节和测量，物镜和目镜之间还装有分划板，它们分别置于内管、外管和中管内，三个管彼此可以相互移动，也可以用螺钉固定。

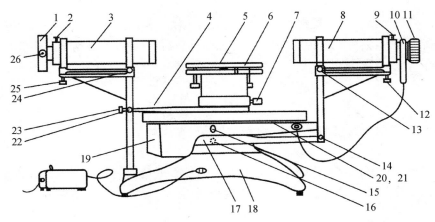

图 4-14　分光计外形图

1—狭缝装置；2—狭缝装置锁紧螺钉；3—平行光管；4—制动架；5—载物台；6—载物台调节螺钉（3 只）；7—载物台锁紧螺钉；8—望远镜；9—目镜锁紧螺钉；10—阿贝式自准直目镜；11—目镜调节手轮；12—望远镜仰角调节螺钉；13—望远镜水平调节螺钉；14—望远镜微调螺钉；15—转座与刻度盘止动螺钉；16—望远镜止动螺钉；17—制动架；18—底座；19—转座；20—刻度盘；21—游标盘；22—游标盘微调螺钉；23—游标盘止动螺钉；24—平行光管水平调节螺钉；25—平行光管仰角调节螺钉；26—狭缝宽度调节手轮

参看图 4-15，在中管的分划板下方紧贴一块 45°全反射小棱镜，棱镜与分划板的粘贴部分涂成黑色，仅留一个绿色的小十字窗口。光线从小棱镜的另一直角边入射，从 45°反射面反射到分划板上，透光部分便形成一个在分划板上的明亮的十字窗。

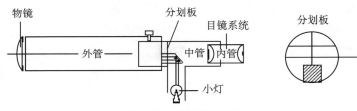

图 4-15　望远镜结构

（4）载物台——放置平面镜、棱镜等光学元件用。通过台面下三个螺钉可调节台面的倾斜角度，平台的高度可通过旋转螺钉的升降来调整，调到合适位置再锁紧螺钉。

（5）读数圆盘——读数装置，由可绕仪器公共轴转动的刻度盘和游标盘组成。度盘上刻有 720 等分刻线，格值为 30′。在游标盘对称方向设有两个角游标，这是因为读数时，要读出两个游标处的读数值，然后取平均值，这样可消除刻度盘和游标盘的圆心与仪器主轴的轴心不重合所引起的偏心误差。读数方法与游标卡尺相似，这里读出的是角度。读数时，以角游标零线为准，读出刻度盘上的度值，再找游标上与刻度盘上刚好重合的刻线为所求之分值。如果游标零线落在半度刻线之外，则读数应加上 30′。

2．分光计的调整原理和方法

调整分光计，最后要达到下列要求：平行光管发出平行光；望远镜对平行光聚焦（即接收平行光）；望远镜、平行光管的光轴垂直仪器公共轴。

分光计调整的关键是调好望远镜，其他的调整可以以望远镜为标准。

（1）调整望远镜

① 目镜调焦。

这是为了使眼睛通过目镜能清楚地看到图 4-16 所示分划板上的刻线。调焦方法是把目镜调焦手轮轻轻旋出（或旋进），从目镜中观看，直到分划板刻线清晰为止。

② 调整望远镜对平行光聚焦。

这是要将分划板调整到物镜焦平面上，调整方法是：

（a）把目镜照明，将双面平面镜放到载物台上，为了便于调节，平面镜与载物台下三个调节螺钉的相对位置如图 4-17 所示。

（b）粗调望远镜光轴与镜面垂直——用眼睛估测一下，把望远镜调成水平，再调节载物台螺钉，使镜面大致与望远镜垂直。

（c）观察与调节镜面反射像——固定望远镜，双手转动游标盘，于是载物台跟着一起转动。转到平面镜正好对着望远镜时，在目镜中应看到一个绿色亮十字随着镜面转动而动，这就是镜面反射像。如果像有些模糊，只要沿轴向移动目镜筒，直到像清晰，再旋紧螺钉，则望远镜已对平行光聚焦。

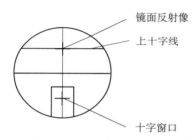

图 4-16　从目镜中看到的分划板

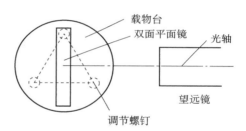

图 4-17　载物台上双面平面镜放置的俯视图

③ 调整望远镜光轴垂直仪器主轴。

当镜面与望远镜光轴垂直时，它的反射像应落在目镜分划板的上十字线与下方十字窗对称的上十字线中心，见图 4-16。平面镜绕轴转 180°后，如果另一镜面的反射像也落在此处，这表明镜面平行仪器主轴。当然，此时与镜面垂直的望远镜光轴也垂直仪器主轴。

在调整过程中出现的某些现象是何原因？调整什么？应如何调整？这些是要分析清楚的。例如，是调载物台？还是调望远镜？调到什么程度？下面简述之。

（a）载物台倾角没调好的表现及调整。

假设望远镜光轴已垂直仪器主轴，但载物台倾角没调好，见图 4-18。平面镜 A 面反射光偏上，载物台转 180°后，B 面反射光偏下。在目镜中看到的现象是 A 面反射像在 B 面反射像的上方。显然，调整方法是把 B 面像（或 A 面像）向上（向下）调到两像点距离的一半，使镜面 A 和 B 的像落在分划板上同一高度。

（b）望远镜光轴没调好的表现及调整。

假设载物台已调好，但望远镜光轴不垂直仪器主轴，见图 4-19。在图 4-19（a）中，无论平面镜 A 面还是 B 面，反射光都偏上，反射像落在分划板上十字线的上方。在图 4-19（b）中，镜面反射光都偏下，反射像都落在上十字线的下方。显然，调整方法是只要调整望远镜仰角调节螺钉，把像调到上十字线上即可，见图 4-19（c）。

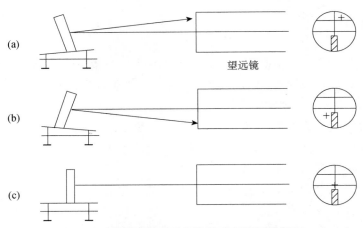

图 4-18　载物台倾角没调好的表现及调整原理

（c）载物台和望远镜光轴都没调好的表现和调整方法。

表现是两镜面反射像一上一下。先调节载物台螺钉，使两镜面反射像的像点等高，A 镜面像偏上，转 180°后 B 镜面像偏下，A、B 镜面像都落在上十字线上（但像点没落在上十字线上），再把像调到上十字线上，见图 4-19（c）。

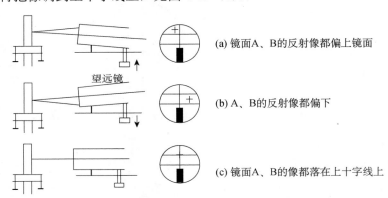

(a) 镜面A、B的反射像都偏上镜面

(b) A、B的反射像都偏下

(c) 镜面A、B的像都落在上十字线上

图 4-19　望远镜光轴没调好的表现及调整原理

（2）调整平行光管发出平行光并垂直仪器主轴

将被照明的狭缝调整到平行光管物镜焦平面上，物镜将出射平行光。调整方法是：取下平面镜和目镜照明光源，狭缝对准前方水银灯光源，使望远镜转向平行光管方向，在目镜中观察狭缝像，沿轴向移动狭缝筒，直到像清晰，这表明光管已发出平行光。

再将狭缝转向横向，调节螺钉（图 4-14 中 25），将像调到中心横线上，见图 4-20（a）。这表明平行光管光轴已与望远镜光轴共线，所以也垂直仪器主轴，不能再动螺钉（图 4-14 中 25）。再将狭缝调整成垂直，锁紧螺钉，见图 4-20（b）。

3．用最小偏向角法测量三棱镜的材料折射率

如图 4-21 所示，一束单色光以 i_1 角入射到 AB 面上，经棱镜两次折射后，从 AC 面射出来，出射角为 i_2'。入射光和出射光之间的夹角 δ 称为偏向角，当棱镜顶角 A 一定时，偏向角 δ 的大小随入射角 i_1 的变化而变化。而当 $i_1 = i_2'$ 时，δ 为最小。这时的偏向角称为最小偏向角，记为 $\delta_{\min}$。

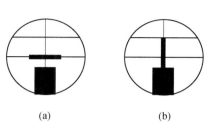

图 4-20　平行光管光轴与望远镜光轴共线

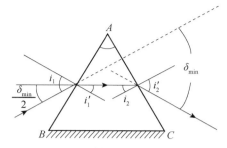

图 4-21　三棱镜最小偏向角原理图

由图 4-21 中可以看出，这时

$$i_1' = \frac{A}{2}$$

$$\frac{\delta_{\min}}{2} = i_1 - i_1' = i_1 - \frac{A}{2} \tag{4-23}$$

$$i_1 = \frac{1}{2}(\delta_{\min} + A)$$

设棱镜材料折射率为 n，则

$$\sin i_1 = n \sin i_1' = n \sin \frac{A}{2}$$

故

$$n = \frac{\sin i_1}{\sin \frac{A}{2}} = \frac{\sin \dfrac{\delta_{\min} + A}{2}}{\sin \dfrac{A}{2}} \tag{4-24}$$

由此可知，要求得棱镜材料的折射率 n，必须测出其顶角 A 和最小偏向角 $\delta_{\min}$。

实验内容

1．调整分光计

要求与调整方法见原理部分。

2．使三棱镜光学侧面垂直望远镜光轴

（1）调整载物台的上下台面大致平行，将棱镜放到平台上，使棱镜三边与台下三螺钉的连线所成三边互相垂直，见图 4-22，试分析这样放置的好处。

（2）接通目镜照明光源，遮住从平行光管照射过来的光。转动载物台，在望远镜中观察从侧面 AC 和 AB 反射回来的十字像，只调节台下三螺钉，使其反射像都落到上十字线处，见图 4-23。调节时，切莫动螺钉（图 4-14 中 12）。

注意：每个螺钉的调节时要轻微旋动，同时观察它对各侧面反射像的影响。调好后的棱镜，其位置不能再动。

3．测量棱镜顶角 A

对两游标做一适当标记，分别称游标 1 和游标 2，切记勿颠倒。旋紧刻度盘下螺钉

（图 4-14 中 16 和 17），望远镜和刻度盘固定不动。转动游标盘，使棱镜 AC 面正对望远镜，见图 4-23。记下游标 1 的读数 θ_1 和游标 2 的读数 θ_2。再转动游标盘，再使 AB 面正对望远镜，记下游标 1 的读数 θ_1' 和游标 2 的读数 θ_2'。同一游标两次读数之差 $|\theta_1-\theta_1'|$ 或 $|\theta_2-\theta_2'|$，即是载物台转过的角度 Φ，而 Φ 是 A 角的补角，即

$$A=\pi-\Phi$$

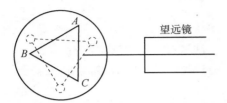

图 4-22 三棱镜在载物台上的正确放法   图 4-23 测棱镜顶角 A

4．测量三棱镜的最小偏向角 $\delta_{\min}$

（1）平行光管狭缝对准前方水银灯光源。

（2）旋松望远镜止动螺钉（图 4-14 中 16）和游标盘止动螺钉（图 4-14 中 23），把载物台及望远镜转至如图 4-24 中所示的位置（1）处，再左右微微转动望远镜，找出棱镜出射的各种颜色的水银灯光谱线（各种波长的狭缝像）。

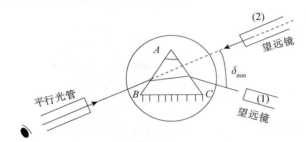

图 4-24 测量最小偏向角方法

（3）轻轻转动载物台（改变入射角 i_1），在望远镜中将看到谱线跟着动。改变 i_1，应使谱线往 δ 减小的方向移动（向顶角 A 方向移动）。望远镜要跟踪光谱线转动，直到棱镜继续转动，而谱线开始要反向移动（即偏向角反而变大）为止。这个反向移动的转折位置，就是光线以最小偏向角射出的方向。固定载物台（锁紧螺钉 23），再使望远镜微动，使其分划板上的中心竖线对准其中的那条绿谱线（546.1nm）。

（4）测量

记下此时两游标处的读数 θ_1 和 θ_2，取下三棱镜（载物台保持不动），转动望远镜对准平行光管，即图 4-25 中（2）所示的位置，以确定入射光的方向，再记下两游标处的读数 θ_1' 和 θ_2'。此时绿谱线的最小偏向角：

$$\delta_{\min}=\frac{1}{2}[\,|\theta_1-\theta_1'|+|\theta_2-\theta_2'|\,] \tag{4-25}$$

将 $\delta_{\min}$ 值和测得的棱镜 A 角平均值代入式（4-25）计算 n。

思考题

1. 已调好望远镜光轴垂直主轴，若将平面镜取下后又放到载物台上（放的位置与拿下前的位置不同）发现两镜面又不垂直望远镜光轴了，这是为什么？是否说明望远镜光轴还没调好？

2. 分光计刻度盘有两个游标的作用是什么？

操作导引

资源4-4：分光镜的调整与使用

4.5 干涉法测几何量

光的干涉现象表明了光的波动性质，干涉现象在科学研究与计量技术中有着广泛的应用。在干涉现象中，不论是何种干涉，相邻干涉条纹的光程差的改变都等于相干光的波长，可见光的波长虽然很小，但干涉条纹间的距离或干涉条纹的数目却是可以计量的。因此，通过对干涉条纹数目或条纹移动数目的计量，可得到以光的波长为单位的光程差。

利用光的等厚干涉现象可以测量光的波长，检验光学元件表面的平面度、球面度、光洁度，精确地测量长度、角度，测量微小形变以及研究工件内应力的分布等。

实验目的

1. 学习利用光的干涉原理检验光学元件表面几何特征的方法；
2. 掌握用牛顿环的等厚干涉条纹测量环直径的方法，加深对光的波动性的认识。

实验仪器

读数显微镜、牛顿环、劈尖。

实验原理

1. 用牛顿环测平凸透镜的曲率半径

当曲率半径很大的平凸透镜的凸面放在一平面玻璃上时，见图4-25，在透镜的凸面与平面之间形成一个从中心 O 向四周逐渐增厚的空气层，当单色光垂直照射下来时，从空气层上下两个表面反射的光束1和光束2在上表面相遇时产生干涉。

因为光程差相等的地方是以 O 点为中心的同心圆，因此等厚干涉条纹也是一组以 O 点为中心的明暗相间的同心圆环，称为牛顿环。由于从下表面反射

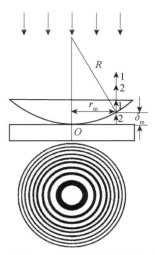

图4-25 牛顿环干涉条纹的形成

的光多走了两倍空气层厚度的距离，以及从下表面反射时，是从光疏介质到光密介质而存在半波损失，故 1、2 两束光的光程差为

$$\Delta = 2\delta + \frac{\lambda}{2} \tag{4-26}$$

式中，λ 为入射光的波长，δ 是空气层厚度，空气折射率 $n \approx 1$。当光程差 Δ 为半波长的奇数倍时为暗环，若第 m 个暗环处的空气层厚度为 δ_m，则有

$$\Delta = 2\delta_m + \frac{\lambda}{2} = (2m+1)\frac{\lambda}{2}, \ m = 0,1,2,3\cdots \tag{4-27}$$

$$\delta_m = m \cdot \frac{\lambda}{2}$$

由图 4-25 中的几何关系 $R^2 = r_m^2 + (R - \delta_m)^2$，以及一般空气层厚度远小于所使用的平凸透镜的曲率半径 R，即 $\delta_m \ll R$，可得

$$\delta_m = \frac{r_m^2}{2R} \tag{4-28}$$

式中，r_m 是第 m 个暗环的半径。由式（4-27）和式（4-28）可得

$$r_m^2 = mR\lambda \tag{4-29}$$

可见，我们若测得第 m 个暗环的半径 r_m，便可由已知 λ 求 R，或者由已知 R 求 λ 了。但是，由于玻璃接触处受压，引起局部的弹性形变，使透镜凸面与平面玻璃不可能很理想地只以一个点相接触，所以圆心位置很难确定，环的半径 r_m 也就不易测准。同时因玻璃表面的不洁净所引入的附加光程差，使实验中看到的干涉级数并不代表真正的干涉级数 m。为此，我们将式（4-29）作一变换，将式中半径 r_m 换成直径 D_m，则有

$$D_m^2 = 4mR\lambda \tag{4-30}$$

对第 $m+n$ 个暗环有

$$D_{m+n}^2 = 4(m+n)R\lambda \tag{4-31}$$

将式（4-30）和式（4-31）相减，再展开整理后有

$$R = \frac{D_{m+n}^2 - D_m^2}{4n\lambda} \tag{4-32}$$

可见，如果我们测得第 m 个暗环及第（$m+n$）个暗环的直径 D_m、D_{m+n}，就可由式（4-32）计算透镜的曲率半径 R。

经过上述的公式变换，避开了难测的量 r_m 和 m，从而提高了测量的精度，这是物理实验中常采用的方法。

2．利用干涉条纹检验光学表面面形

检查光学表面的方法通常是将光学样板（平面平晶）放在被测平面之上，在样板的标准平面与待测平面之间形成一个空气薄膜。当单色光垂直照射时，通过观测空气膜上的等厚干涉条纹即可判断被测光学表面的面形。

（1）待测表面是平面

两表面一端夹一极薄垫片，形成一楔形空气膜，如果干涉条纹是等距离的平行直条纹，则被测平面是精确的平面，见图 4-26（a）；如果干涉条纹如图 4-26（b）所示，则表明待测

表面中心沿 *AB* 方向有一柱面形凹痕。因为凹痕处的空气膜的厚度较其两侧平面部分厚，所以干涉条纹在凹痕处弯向膜层较薄的 *A* 端。

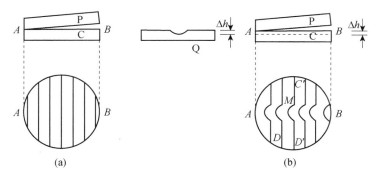

图 4-26　平面面形的干涉条纹

（2）待测表面呈微凸球面或微凹球面

将平面平晶放在待测表面上，可看到同心圆环状的干涉条纹，参看图 4-27。用手指在平晶上表面中心部位轻轻一按，如果干涉圆环向中心收缩，表明面形是凹面；如果干涉圆环从中心向边缘扩散，则面形是凸面。这种现象可解释为：当手指向下按时，空气膜变薄，各级干涉条纹要发生移动，以满足式（4-26）。

实验内容

1．测量平凸透镜的曲率半径

（1）观测牛顿环

将牛顿环仪按图 4-28 所示放置在读数显微镜镜筒和入射光调节木架的玻璃片的下方，木架上的透镜要正对着钠光灯窗口，调节玻璃片角度，使通过显微镜目镜观察时视场最亮。

调节目镜，看清目镜视场的十字叉丝后，使显微镜筒下降到接近玻璃片，然后缓慢上升，直到观察到干涉条纹，再微调玻璃片角度及显微镜，使条纹更清楚。

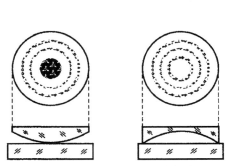

图 4-27　球面面形的干涉条纹

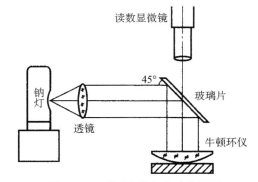

图 4-28　观测牛顿环实验装置图

（2）测量牛顿环直径

使显微镜的十字叉丝交点与牛顿环中心重合，并使水平方向的十字叉丝与标尺平行（与显微镜筒移动方向平行）。

转动显微镜测微鼓轮，使显微镜筒沿一个方向移动，同时数出十字叉丝竖丝移过的暗环数，直到竖丝与第 35 环相切为止。

反向转动鼓轮，当竖丝与第 30 环相切时，记录读数显微镜上的位置读数 d_{30}；然后继续转动鼓轮，使竖丝依次与第 25、20、15、10、5 环相切，顺次记下读数 d_{25}、d_{20}、d_{15}、d_{10}、d_5。

继续转动鼓轮，越过干涉圆环中心，记下竖丝依次与另一边的 5、10、15、20、25、30 环相切时的读数 d_5'、d_{10}'、d_{15}'、d_{20}'、d_{25}'、d_{30}'。

重复测量两次，共测两组数据。

（3）用逐差法处理数据

第 30 环的直径 $D_{30} = |d_{30} - d_{30}'|$，同理，可求出 D_{25}、D_{20}、$\cdots$、D_5。式（4-32）中，取 $n=15$，求出 $\overline{D_{m+15}^2 - D_m^2}$，代入式（4-32）计算 R 和 R 的标准差。

2．测量细丝直径

见图 4-29，两片叠在一起的玻璃片，在它们的一端夹一直径待测的细丝，于是两玻璃片之间形成一空气劈尖。当用单色光垂直照射时，如前所述，会产生干涉现象。因为光程差相等的地方是平行于两玻璃片交线的直线，所以等厚干涉条纹是一组明暗相间、平行于交线的直线。

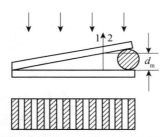

图 4-29　劈尖干涉条纹的形成

设入射光波长为 λ，则由式（4-27）得第 m 级暗纹处空气劈尖的厚度

$$d = m\frac{\lambda}{2} \tag{4-33}$$

由式（4-33）可知，$m=0$ 时，$d=0$，即在两玻璃片交线处，为零级暗条纹。如果在细丝处呈现 $m=N$ 级条纹，则待测细丝直径 $d = N\frac{\lambda}{2}$。

具体测量时，常用劈尖盒，盒内装有两片叠在一起玻璃片，在它们的一端夹一细丝，于是两玻璃片之间形成一空气劈尖，见图 4-29。使用时劈尖盒切勿倒置或将玻璃片倒出，以免细丝位置变动，给测量带来误差。

（1）观察干涉条纹

将劈尖盒放在曾放置牛顿环的位置，同前法调节，观察到干涉条纹，使条纹最清晰。

（2）测量

调整显微镜及劈尖盒的位置，当转动测微鼓轮使镜筒移动时，十字叉丝的竖丝要保持与条纹平行。

在劈尖玻璃面的三个不同部分，测出 20 条暗纹的总长度 Δl，测量 3 次求其平均值及单位长度的干涉条纹数 $n = \dfrac{20}{\Delta l}$。

测量劈尖两玻璃片交线处到夹细线处的总长度 L，测量 3 次，求平均值。

由式（4-33），求细丝直径。

$$d = N \cdot \frac{\lambda}{2} = L \cdot n \cdot \frac{\lambda}{2} = L \cdot \frac{20}{\Delta l} \cdot \frac{\lambda}{2} \qquad\qquad (4\text{-}34)$$

3．检查玻璃表面面形并做定性分析

在标准表面和受检表面正式接触之前，必须先用酒精清洗，再用抗静电的小刷子把清洗之后残余的灰尘小粒刷去。待测玻璃放在黑绒上，受检表面要朝上，再轻轻放上平面平晶。在单色光或水银灯垂直照射下观察干涉条纹的形状，判断被检表面的面形。如果看不到干涉条纹，主要原因是两接触表面不清洁，还附有灰尘微粒所致，应再进行清洁处理。平面平晶属高精度光学元件，注意使用规则。

思考题

1. 透射光的牛顿环与反射光的牛顿环在明暗上有何关系？
2. 如果改变读数显微镜筒的放大率，是否会影响牛顿环测量结果？

操作导引

资源 4-5：干涉法测量几何量

4.6　迈克尔逊干涉仪的调整与应用

迈克尔逊干涉仪是可对光波进行精密测量的光学仪器。迈克尔逊和他的合作者利用这种干涉仪进行的测"以太风"实验，证明了真空中的光速不变，为近代物理的发展做出了重要贡献。不仅如此，后人又将该干涉仪的基本原理应用到许多方面，研制成各种形式的干涉仪，如泰曼干涉仪和傅里叶分光计等。用迈克尔逊干涉仪可以观察多种干涉现象，进行光谱精细结构的研究。它的调整方法在光学技术中也很具有代表性。

实验目的

1. 掌握迈克尔逊干涉仪的调节和使用方法；
2. 用迈克尔逊干涉仪观察光的干涉现象，测量光的波长。

实验原理

迈克尔逊干涉仪是用分振幅法获得双光束以实现干涉的仪器。图 4-30 所示是该干涉仪的光路简图。其中 M_1 和 M_2 是在相互垂直的两臂上放置的两个平面反射镜，由光学平面涂

以金属反射膜制成，并且 M_1 可沿臂轴方向前后移动。在两臂轴相交处，有一与两臂轴各成 45°的平行平面玻璃板 G_1，且在 G_1 的第二平面上涂以半透（半反射）膜，以便将入射光分成振幅近乎相等的反射光 1 和透射光 2，故 G_1 又称为分光板。G_2 也是一平面玻璃板，与 G_1 平行放置，厚度和折射率均与 G_1 相同，它的作用是补偿光束 1 和 2 之间附加的光程差，故称为补偿板。

1．扩展光源产生的干涉

从扩展光源 S 射来的光，到达分光板 G_1 后分成两部分。反射光 1 在 G_1 处反射后向着 M_1 前进；透射光 2 透过 G_1 后向着 M_2 前进。这两列光波分别在 M_1 和 M_2 上反射后逆着各自的入射方向返回，最后都到达 E 处。既然这两列光波来自同一入射光，因而是相干光，于是在 E 处，观察者能看到干涉图样。

由于光在分光板 G_1 的第二面上反射，使 M_2 在 M_1 附近形成一平行于 M_1 的虚像 M_2'，因而光在迈克尔逊干涉仪中自 M_1 和 M_2 的反射，相当于自 M_1 和 M_2' 的反射。由此可见，在迈克尔逊干涉仪中所产生的干涉与厚度为 d 的空气膜所产生的干涉是等效的。

当 M_1 和 M_2' 完全平行时（也就是 M_1 和 M_2 完全垂直时），如图 4-31 所示，若光 1 在平面镜 M_1 上的入射角为 i，显然自 M_1 和 M_2' 反射的两光波的光程差为

$$\Delta = AC + CB - AD = \frac{2d}{\cos i} - 2d \tan i \cdot \sin i$$

$$= 2d \left(\frac{1}{\cos i} - \frac{\sin^2 i}{\cos i} \right) = 2d \cos i \tag{4-35}$$

满足 K 级亮纹的条件为

$$2d \cos i = K\lambda \tag{4-36}$$

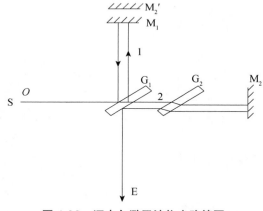

图 4-30　迈克尔逊干涉仪光路简图

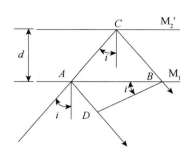

图 4-31　两反射光的光程差

因为 d 一定时，光程差决定于入射角 i，可见具有相同入射角的光产生的干涉级数是相同的，故称为等倾干涉，其条纹位于无限远或透镜的焦面上。若将透镜置于观察方向上，使透镜的光轴和观察方向一致，那么所见干涉条纹将是一组以透镜光轴为圆心的明暗相间的同心圆，在表现上与牛顿环的干涉图样相似。

在这个干涉图样中，第 $K+1$ 级亮条纹是由入射角为 i_{K+1} 且满足下式的光造成的。

$$2d\cos i_{K+1} = (K+1)\lambda \tag{4-37}$$

比较式（4-36）和式（4-37）可知，$i_K > i_{K+1}$，即较高级次的干涉条纹在较低级次的干涉条纹内侧。$i=0$ 时，光程差最大，级次最高；越向边缘，干涉条纹的级次越小，这是和牛顿环干涉条纹的不同之点。

当 M_1 和 M_2' 的间距 d 逐渐增大时，对于任一级干涉条纹，例如第 K 级，必定以减少其 $\cos i_K$ 的值来满足 $2d\cos i_K = K\lambda$，故该干涉条纹向 i_K 变大（$\cos i_K$ 变小）的方向移动，即向外扩展。这时，观察者将看到条纹好像从中心向外"涌出"，且每当间距 d 增加 $\lambda/2$ 时，就有一个条纹涌出。反之，当间距由大逐渐变小时，最靠近中心的条纹将一个一个地"陷入"中心，且每陷入一个条纹，间距的改变亦为 $\lambda/2$。

因此，只要数出涌出或陷入的条纹数，即可得到平面镜 M_1 以波长 λ 为单位而移动的距离。显然，若有 N 个条纹从中心涌出时，则表明 M_1 相对 M_2' 移远了

$$\Delta d = N\frac{\lambda}{2} \tag{4-38}$$

反之，若有 N 个条纹陷入时，则表明 M_1 向 M_2' 移近了同样的距离。如果精确测出 M_1 向 M_2' 移动的距离 Δd，则可由式（4-38）计算出入射光波的波长。

当 M_1 和 M_2' 不完全平行（M_1 和 M_2 两平面镜不完全垂直）时，即由 M_1 和 M_2' 的平面构成一劈形空气层时，可得等厚干涉条纹。若 d 很小，则干涉条纹呈现于所形成的空气层上。显然，此时干涉图是由等间距分布的明暗相间的直条纹组成的，只是在远离中央处条纹稍有弯曲，乃因光程差变化还稍微受到入射角的影响所致。

2．点光源产生的干涉

将激光器发出的激光（如氦氖激光器发出的 632.8nm 的激光）束，用一短焦距凸透镜会聚于一点后，即可视为一点光源发出的球面波。

如图 4-32 所示，对于点光源经 M_1 和 M_2' 反射后（实际是 M_1 和 M_2 的反射）所产生的

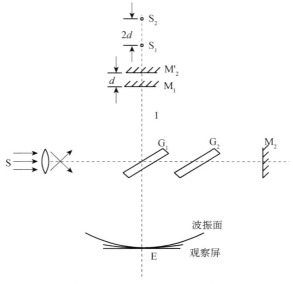

图 4-32　点光源产生的干涉

干涉现象，则完全等效于 M_1 法线方向上分布的两个点光源 S_1 和 S_2 所产生的干涉。这一干涉是非定位干涉。当将一观察屏垂直于该方向放置时，屏上亦呈现同心的圆形干涉条纹。干涉条纹级次的位置取决于光程差，只要光程差有微小的变化，就可明显地看出条纹的移动。

在 M_1 和 M_2' 完全平行的条件下，这组同心圆条纹的圆心在 S_1 和 S_2 连线的延长线上。当 M_1 和 M_2' 的间距变化时，条纹的"涌出"或"陷入"中心的规律与用扩展光源得到的等倾干涉条纹变化的规律相同。

即若有 N 个圆条纹从中心涌出，则表明 M_1 相对 M_2' 移远了

$$\Delta d = N\frac{\lambda}{2} \tag{4-39}$$

当 M_1 和 M_2' 不完全平行时，S_1 和 S_2 的连线将偏离 M_1 和法线，因而干涉圆环的圆心将偏离 M_1 和 M_2' 平行时产生的干涉圆环的圆心，并随 M_1 和 M_2' 的夹角增大而偏离愈甚。实验中，我们主要运用 M_1 和 M_2' 完全平行时产生的干涉。

实验装置

实验的整套装置包括由光源（钠光灯或激光器）、透镜、迈克尔逊干涉仪和毛玻璃观察屏组成的光学系统。

动镜的精磨导轨固定在底座上，底座上有 3 个调节水平用的螺钉。在导轨中间装有一根精密丝杆，丝杆连接装在传动盒内的轮系，转动大手轮即可带动丝杆，由丝杆传动使动镜拖板前后移动。仪器有 3 个读数尺，主尺附在导轨侧面，最小分度为 1mm，从窗口内可以看见一个 100 等分的圆盘，圆盘转动一小格，相当于拖板直线移动 0.01mm。窗口右侧有一个微调手轮，转动微调手轮可带动丝杆，微调手轮上有一个 100 等分的刻度轮，微调手轮每转过一小格，动镜移动 0.1μm。

实验内容

1．仪器的调整

（1）若用钠光实验，则点亮钠光灯 S，使之照射在 S 前面的毛玻璃屏上，形成均匀的扩展光源以便于加强条纹的亮度。在毛玻璃屏与分光板 P_1 之间放一叉丝（或指针）。在 E 处，沿着 EP_1M_1 的方向进行观察。如果仪器未调好，则在视场中将见到叉丝（或指针）的双影。这时必须调节 M_1（或 M_2）镜后的螺旋，以改变 M_1（或 M_2）镜面的方位，直到双影在水平方向和铅直方向完全重合。一般地说，这时即可出现干涉条纹。再仔细、缓慢地调节 M_2 镜旁的微调螺杆，使条纹成圆形。

（2）若以氦-氖激光进行实验，上述调节较易完成。点亮氦-氖激光器，使激光束经分光板 P_1 分束，由 M_1、M_2 反射后，照射在 E 处的与光路垂直放置的观察屏（毛玻璃）上，即呈现两组分立的光斑。调节 M_1 和 M_2 两镜后的螺旋，以改变 M_1、M_2 镜面的方位，使屏上两光点重合。再在激光器前共轴处放置一扩束镜，屏上即可呈现出干涉条纹。缓慢细心地调节 M_2 镜旁的微调螺杆，使条纹成为圆形条纹。

2．测量和计算

经调节使圆形条纹出现后，再慢慢地转动手轮，可以观察到视场中条纹向外一个一个地涌出（或者向内陷入中心），开始计数时，记录 M_1 镜的位置（转盘上的读数）d_1；继续转动手轮，数到条纹从中心向外涌出 100 个时，停止转动手轮，记录 M_1 镜的位置 d_2。利用式（4-37）即可计算出待测光波的波长 λ。

重复上述步骤 5 次，取其平均值并计算测量误差，最后将测得的波长表示为 $\lambda = \overline{\lambda} + \Delta\lambda$，并与公认值比较，计算其相对误差。

思考题

1. 用迈克尔逊干涉仪观察到的等倾干涉条纹图样与牛顿环干涉条纹有何异同？

2. 扩展光源和点光源产生的干涉分别定位于何处？如何观察它们产生的干涉条纹？

3. 在观测等倾干涉条纹时，在 M_1 和 M_2 平面重合的情况下会有什么现象？为什么？

第 5 章　综合性物理实验

5.1　切变模量的测量

材料的杨氏模量、切变模量以及断裂强度等宏观量都能反映出物质微观结构的特点。20 世纪 30 年代，人们从物质结构理论出发，计算出的断裂强度值比实验大几个数量级。这个重大矛盾迫使科学家提出了位错理论来解释实验现象。后来人们在电子显微镜下观察到了位错的形成和运动，证实了这种理论。

实验目的

1. 用扭摆测量金属丝的切变模量，学习如何设计实验，避免测量那些较难测准的物理量，从而提高实验精度；
2. 测量金属丝的扭转系数 K；
3. 验证平行轴定理。

实验装置

扭摆装置如图 5-1 所示。

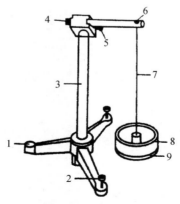

图 5-1　扭摆装置

1—底座；2—底座上的调平螺丝；3—支杆；4—固定横杆的螺母；5—连接支杆和横杆的螺丝；
6—固定金属丝的螺丝；7—待测金属丝；8—金属环；9—金属悬盘

实验原理

待测对象为粗细均匀的钢丝，从几何尺寸上来说就是一个如图 5-2 所示的圆柱体，其半径为 R，长度为 l。将其上端固定，下端悬挂一圆盘，转动圆盘使钢丝下端发生扭转。扭转力矩使圆柱体各截面小体积元均发生切应变，在弹性限度内，切应变 γ 正比于切应力 τ，即

$$\tau = G\gamma \tag{5-1}$$

这就是剪切胡克定律，比例系数 G 即为材料的切变模量。

当钢丝下端面绕轴线转过 θ 角，相应的钢丝各横截面都发生转动，其单位长度的转角为

$$\frac{\mathrm{d}\theta}{\mathrm{d}l} = \frac{\theta}{l} \tag{5-2}$$

分析这细圆柱中长为 $\mathrm{d}l$ 的一小段，其上截面为 A，下截面为 B（如图 5-3（a）所示），由于发生切变，其侧面上的线 ab 的下端移至 b'，即 ab 转过了一个角度 γ，$bb' = \gamma \mathrm{d}l = R\mathrm{d}\theta$，即切应变为

$$\gamma = R\frac{\mathrm{d}\theta}{\mathrm{d}l} \tag{5-3}$$

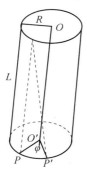

图 5-2 钢丝扭转形变示意图

图 5-3 钢丝某一横截面的运动状态

钢丝内部半径为 ρ 的位置，其切应变为

$$\gamma_\rho = \rho\frac{\mathrm{d}\theta}{\mathrm{d}l} \tag{5-4}$$

由剪切胡克定律

$$\tau_\rho = G\gamma_\rho = G\rho\frac{\mathrm{d}\theta}{\mathrm{d}l}$$

可得横截面上距轴线 OO' 为 ρ 处的切应力，这个切应力产生的恢复力矩为

$$\tau_\rho \rho 2\pi \rho \mathrm{d}\rho = G\gamma_\rho = 2\pi G\rho^3 \frac{\mathrm{d}\theta}{\mathrm{d}l}\mathrm{d}\rho \tag{5-5}$$

截面为 A B 之间的圆柱体，其上下截面相对切变引起的恢复力矩 M 为

$$M = \int_0^R 2\pi G\rho^3 \mathrm{d}\rho \cdot \frac{\mathrm{d}\theta}{\mathrm{d}l} = \frac{\pi}{2}GR^4\frac{\mathrm{d}\theta}{\mathrm{d}l} \tag{5-6}$$

因钢丝总长为 l ，总扭转角为 θ ，将式（5-2）代入式（5-6），有

$$M = \frac{\pi}{2} GR^4 \frac{\theta}{l} \tag{5-7}$$

所以切变模量 G 等于

$$G = \frac{2Ml}{\pi R^4 \theta} \tag{5-8}$$

于是求切变模量的问题就转化为求钢丝的扭矩（即钢丝的复力矩 M ）问题，因为扭摆扭过的角度正比于所受的扭矩，即

$$M = K\theta \tag{5-9}$$

K 为金属丝的扭转系数，将式（5-9）代入式（5-8），有

$$G = \frac{2Kl}{\pi R^4} \tag{5-10}$$

如果仍用 θ 表示角位移，根据转动定律 $M=-K\theta$ ，得

$$-K\theta = J_0 \frac{\mathrm{d}^2 \theta}{\mathrm{d}t^2} \tag{5-11}$$

J_0 为扭摆的转动惯量，再由式（5-9）和式（5-11）可得

$$\frac{\mathrm{d}^2 \theta}{\mathrm{d}t^2} + \frac{K}{J_0} \theta = 0 \tag{5-12}$$

上式表明扭摆的运动为简谐运动，此简谐运动的周期为

$$T_0 = 2\pi \sqrt{\frac{J_0}{K}} \tag{5-13}$$

由于扭摆圆盘上带有一个夹具，这给测量或计算带来困难。为此将一个金属环对称地放置于圆盘上。设环的质量为 m_1 ，内外直径分别为 D_1 和 D_2 ，其转动惯量为

$$J_1 = \frac{m_1}{8}(D_1^2 + D_2^2) \tag{5-14}$$

此时扭摆的总转动惯量为 $J = J_0 + J_1$ ，周期为

$$T_1 = 2\pi \sqrt{\frac{J_0 + J_1}{K}} \tag{5-15}$$

由式（5-13）、式（5-14）和式（5-15）可得

$$J_0 = \frac{T_0^2}{T_1^2 - T_0^2} J_1 = \frac{m_1 T_0^2 (D_1^2 + D_2^2)}{8(T_1^2 - T_0^2)} \tag{5-16}$$

$$K = \frac{4\pi}{T_0^2} J_0 = \frac{4\pi}{T_1^2 - T_0^2} J_1 \tag{5-17}$$

如果取下圆环，在圆盘上加上转动惯量为 J_x 的待测刚体，若此时扭摆的周期为 T_x ，同理可得

$$K = \frac{4\pi}{T_x^2 - T_0^2} J_x \tag{5-18}$$

所以，只要测得扭摆的摆动周期 T_0 和 T_x ，并且转动惯量 J_x 和 K 中任何一个量可知，即可计算出另一个量。如求钢丝的切变模量，由式（5-8）、式（5-16）和式（5-17）可得

$$G = \frac{2Kl}{\pi R^4} = \frac{8l}{R^4(T_1^2 - T_0^2)}J_1 \tag{5-19}$$

同理，在圆盘上加上如转动惯量为 J_x 的物体，由式（5-17）和式（5-18）可得

$$J_x = \frac{T_x^2 - T_0^2}{T_1^2 - T_0^2}J_1 \tag{5-20}$$

实验内容

1．测量钢丝的切变模量

（1）用物理天平测出金属圆环的质量 m_1，用游标卡尺测出内外直径 D_1 和 D_2，利用式（5-14）计算出圆环的转动惯量 J_1。

（2）测出空的金属圆盘的转动周期 T_0（每次测 5 个周期除以 5，得到一个周期 T_0，测 3 次取平均值）。

（3）将金属圆环放到金属圆盘上，用与（2）相同的方法测出一起转动的周期 T_1。

（4）用螺旋测微器测量钢丝的直径，用米尺测量钢丝的长度，将以上测出结果代入公式（5-17）求钢丝的扭转系数 K；代入公式（5-19）求出钢丝的切变模量 G，分析误差。

2．测量物体的转动惯量

（1）用物理天平测出金属圆环的质量 m_1 和圆柱体的质量 m，用游标卡尺测出金属圆环的内外直径 D_1、D_2 和圆柱体的半径 r，计算出圆环的转动惯量 J_1 和圆柱体绕自己质心轴的转动惯量 $J_c(J_c = \frac{1}{2}mr^2)$。

（2）测出空的金属圆盘的转动周期 T_0。

（3）将金属圆环放到金属圆盘上，用与上述（2）相同的方法测出一起转动的周期 T_1。

（4）取下金属圆环，将两圆柱体固定在空圆盘上两对称点上，测出其周期 T_x，将以上测出结果代入公式（5-20）求出圆盘上两圆柱体的对以钢丝为轴的转动惯量 J_x。

（5）将转动惯量 J_x 和 $2J_c$ 比较，验证平行轴定理

$$J_x = 2J_c + 2md^2 \tag{5-21}$$

式中，d 是圆柱体的质心轴与扭摆转轴之间的距离。

思考题

1. 本实验是否满足 $\gamma \ll 1$ 的条件？

2. 为提高测量精度，本实验在设计上做了哪些安排？

操作导引

资源 5-1：用扭摆测量刚体的转动惯量

5.2 空气动力学实验

流体动力学的规律甚广，且至今还在发展中，但测量流体的流速、流量，乃至机翼高速运行时产生的升力、火箭喷射时产生的推力等，都遵循着流体力学最为重要的基础性原理。

本实验利用空气动力仪对空气流的多个项目进行测试，不仅能为学生认识和解决流体力学中的理论问题开辟了独特蹊径，而且能形象生动地说明大型风洞实验的模拟测试方法与航空物理方面的基础知识，也可为高层建筑、桥梁模型的风阻实验提供基础性实验手段。

实验目的

1. 了解空气动力仪的基本结构，掌握测试流动气体中各种压力的方法；
2. 验证流体力学的基本定律，了解机翼的动力学效应。

实验原理

1. 流体动力学的两个基本定律

如图 5-4 所示的细管中，不可压缩的流体作稳恒流动。取两个横截面，其面积分别为 A_1 和 A_2，设 v_1 和 v_2 是这两个横截面处流体的流速。若流体的密度为 ρ，则在 dt 时间内，流进 A_1 的流体质量为 $\rho A_1 v_1 dt$，流出 A_2 的流体质量为 $\rho A_2 v_2 dt$，由于质量守恒，则

$$\rho A_1 v_1 dt = \rho A_2 v_2 dt \tag{5-22}$$

这就是流体的连续性方程。

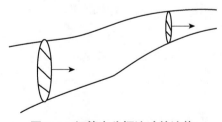

图 5-4 细管中稳恒流动的流体

理想流体是指决不可压缩、完全没有黏性的流体。虽然气体的可压缩性很大，但是就流动的气体而言，很小的压强改变就足以导致气体的流动而不会引起密度的明显变化。所以在研究流动的气体问题时，也可以忽略气体的可压缩性，故可认为密度 ρ 不随时间变化。所以式（5-22）可简化为

$$A_1 v_1 = A_2 v_2 \tag{5-23}$$

即

$$A v = 常量 \tag{5-24}$$

2．伯努利方程

利用功能原理可证明，在封闭的细流管中，流体内任一点恒满足下式

$$p + \rho g y + \frac{1}{2}\rho v^2 = 恒量 \tag{5-25}$$

其中，p 为绝对压力，y 为距重力势能零点的距离。

在流体的温恒流中，式（5-25）可简化为

$$p + \frac{1}{2}\rho v^2 = 恒量 \tag{5-26}$$

3．文丘里管验证伯努利方程

根据连续方程和伯努利原理，可以导出在流管各处气流的流速与压强之间的关系式：

$$v = \sqrt{\dfrac{2(p - p_0)}{p\left[1 - \left(\dfrac{A_0}{A}\right)^2\right]}} \tag{5-27}$$

式中，p 与 p_0 分别为管中某处的压强值，A 与 A_0 分别为管中相应处的截面积。

4．流体的压力测量

流动流体中的压力可采用图 5-5 所示的方法进行测量。由图 5-5（a）和图 5-5（b）所测得的 p 为静压力；由图 5-5（c）所测得的 p' 为总压力，即 $p' = p + \frac{1}{2}\rho v^2$；由图 5-5（d）所测得的压力一般称为动压力，即 $\Delta p = p' - p = \frac{1}{2}\rho v^2$。

由伯努利方程可推得，此时流体的流速为

$$v = \sqrt{\dfrac{\Delta p}{\rho}} \tag{5-28}$$

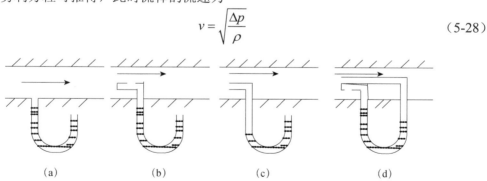

（a）　　　　　　　（b）　　　　　　　（c）　　　　　　　（d）

图 5-5　流动流体中压力的测量方法

本实验的测量装置放置在风洞中，故 ρ 为风洞中空气的密度，在标准状态下干燥空气的密度为 $\rho=1.293\text{kg/m}^3$，p 为传感头测得的动压力，v 为传感头所在处的风速。

5．航空物理知识

图 5-6 表示绕飞机机翼截面形成的流线。从图中可以看出，在机翼上面流线较密，形成高流速、低压力的区域；在机翼下面流线则较为平坦，几乎保持原来的大气压力。所以根据伯努利原理，则上方气体压强小于下方气体压强，机翼产生向上的升力。

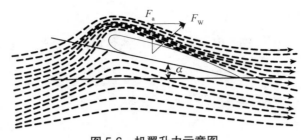

图 5-6　机翼升力示意图

机翼在飞行中不但受到与速度方向相反的阻力 F_W，还受到与运动方向垂直的升力 F_a，在一定的飞行速度下，两分力的大小与飞行角度 α（翼弦与水平面的交角，称为飞行角）有关。

实验装置

吸压式风机，精密压力计，压力传感头，扇形测力计，升力秤，滑轮小车，导轨，角标尺，机翼气流层模型，文丘里管，阻力模块等。

吸压式风机是本实验系统的核心，风机转速最高可达 $2\,800\,\text{r/min}$，风量为 $\leqslant 1\,200\,\text{m}^3/\text{h}$，持续工作时间约为 3min，转速改变时调整时间约为 30s；压力传感头包括总压力传感头和静压力传感头。在测试时，使总压力传感头开口对准气流方向，静压力传感头垂直于气流方向（压力传感头可与精密压力机或压力传感器配合使用）。扇形测力计用带有线槽的弹簧线盒和传递力线测力，测试范围 0～0.6N。升力秤采用弹簧和可引导滑轮上下平行移动的滑块测升力，测试范围为-0.5～+0.6N。滑轮小车带有滑轮且可在导轨上滑动的辅助小车，其上有可安装升力秤的插座，左右有安装挂钩或配平块的插空，下面可通过直角支撑杆连接被测物体。导轨用以安放滑轮小车、扇形测力计等。角标尺，可测试角度变化范围-16°～+16°。机翼气流层模型上共有 9 个气孔，上、下方各有 4 个，分别与两侧测量孔相同，上方气孔与探头 1 处测量孔连通，下方气孔与探头 2 处测量孔连通。机翼角度变化范围为-50°～+50°。文丘里管是一种封闭式流管，其管径两边呈扩散型，中间呈收缩型，主要用以研究管流中流场的变化规律。

实验内容

1．风洞实验

（1）验证流体的连续性方程

在风机后安装封闭并透明的玻璃罩作为风洞，其上放置密封导轨，其下安放斜底面。用压力传感头配合精密压力计（或压力传感器）测试斜面各标记处的动压力 Δp 及风速 v_0，计算各标记处流量，验证连续性方程。

（2）机翼模型测试

① 在风洞内滑轮小车下安装机翼模型，在风道上需安装密封导轨，同时插入角标尺，用扇形测力计和升力秤测量。

② 调节风机风速，使飞行角度处于+12°，使机翼所受阻力约为 2N。根据所测数据绘制 F_W～F_a 图（注明各飞行角）。请判断你认为的最佳飞行起飞角。

③ 在风速不变的情况下，改变机翼的飞行角从+12°到-8°，每改变 2°测量其所受的阻力 F_W 和升力 F_a，测绘出 $F_W \sim \alpha$ 和 $F_a \sim \alpha$ 曲线。

2．开口实验

（1）将机翼气流层模型放置在风机后，两探头对称放置并分别与精密压力计（压力传感器）相连。改变机翼角度（每10°测量一次），测量机翼上下面的压力差。

（2）改变探头位置，重复以上实验。

（3）作 $\alpha \sim \Delta p$ 曲线，你能否根据实验数据判断飞机起飞时机翼的最佳角度，为什么？

3．验证伯努利方程

（1）将文丘里管的 5 个静压测试探头用软管顺次与多管压力计相连，观察文丘里管中探测点的压力分布状态，记录多管压力计中各压力管的液面高度，验证流体的伯努利方程。

（2）将斜管液体气压计的正、负压力端接头分别连接到文丘里管的第 1 和第 4 接头上，调节风机的风速，测量文丘里管在不同风速时，各探测点的压力及探测点间的压力差，验证伯努利方程。

4．阻力测试实验

（1）在空气动力仪的开口实验段，用多功能的扇形拉（阻）力计和测试小车（A），可测得不同模型型体在流场中的阻力。

（2）测量同形而不同截面积的模型所受的阻力 F_R 与其面积 A 的值，画出 $F_R \sim A$ 曲线。

（3）用斜管液体气压计测出各模型的压力差或风速值。

（4）测量各不同型体模型的阻力 F_R 与风速 v 的值，画出 $F_R \sim v$ 曲线。

注意事项

（1）因插件很细，故滑轮小车和升力计在拆卸和安装时，请注意用力方式。

（2）风机吸入口及风洞的通风口前需有一段开阔区，风机持续工作时间不要超过 3min。

（3）精密压力计内的液体是专用的，安装时请注意防止溢出，不用时请将试管口盖住。

（4）应用扇形测力计和升力秤测量时，不要超载。

5.3　电冰箱制冷系数的测量

电冰箱已经是被广泛使用的家用电器，它是一种利用蒸发吸热方式制冷的机器。随着科技的发展和环保的要求，对电冰箱的制冷技术的要求也越来越高，科技工作者在不断地探索新的制冷技术，譬如磁制冷技术已经有所突破。本实验通过对电冰箱的研究，将一些热学基本知识，如热力学定律、等温、等压、绝热、循环过程及焦耳-汤姆逊实验等，做了综合应用，使读者在加深对热学基本知识理解的同时，得到一次理论与实际、学与用相结合的锻炼。

实验目的

1. 培养理论联系实际、学与用相结合的能力；

2. 学习电冰箱的制冷原理，加深对热学基本知识的理解；

3．测定电冰箱的制冷系数。

实验原理

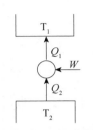

图 5-7　电冰箱工作原理

1．制冷的理论基础

在自然界中热量是可以相互传递的，热量能从温度较高的物体传递到温度较低的物体，但不可能自发地从低温物体传到高温物体而不引起外界的变化，这是热力学第二定律的克劳修斯说法。因此，只能通过某种逆向热力学循环，外界对系统做一定的功，使热量从低温物体（冷端）传到高温物体（热端）。

电冰箱工作原理如图 5-7 所示，有

$$Q_2 = Q_1 - W$$

电冰箱是对循环系统冷端的利用，故称制冷机。

2．制冷的方式

制冷可利用熔解热、升华热、蒸发热、珀尔帖效应等方式。电冰箱用氟里昂作为制冷剂，当液体氟里昂在蒸发器里大量蒸发（实际是沸腾，但在制冷技术中习惯称为蒸发）时，带走所需的热量，从而达到制冷的目的。因此，电冰箱是一种利用蒸发热方式制冷的机器。

3．制冷剂氟里昂

氟里昂是饱和碳氢化合物的氟、氯、溴衍生物的统称。本实验中使用的氟里昂-12 的分子式为 $CC_{12}F_1$，国际统一符号为 R12。R12 无色、无味、无臭、无毒，对金属材料无腐蚀性，容积浓度达到 10%左右时，对人没有任何不适的感觉；但达到 80%时，人有窒息的危险。R12 不燃烧、不爆炸，但其蒸汽遇到 800℃以上的明火时，会分解产生对人体有害的毒气。R12 的物理特性参数见表 5-1。

表 5-1　氟里昂物理特性参数

沸点（1atm）	−29.8℃	凝固点（1atm）	−155℃
临界温度	112℃	临界压力	4.06MPa

4．真实气体的等温线

制冷剂在循环过程中的状态变化，遵循真实气体的状态变化规律，其 $p-V$ 图如图 5-8 所示。从图可见，真实气体的等温线并非都是等轴双曲线。如在 lm 部分，与理想气体的等温线相似，在 m 点气体开始液化，在 m 到 n 点的液化过程中，体积虽在减小，但压力保持不变，是等压过程，其压力称饱和蒸气压，至 n 点气体完全液化。等温线的 mn 部分为饱和蒸汽和饱和液体共存的范围，但在 no 部分，曲线几乎与压力轴平行，这反映了液体的不易压缩性。随着温度的升高，气液共存状态的范围从 mn 线段缩小为 $m'n'$ 线段，而饱和蒸气压增高。温度继续升高，等温线的平直部分缩成一点，在 $p-V$ 图上出现一个拐点 K，称临界点。通过临界点的等温线称临界等温线。在临界等温线以上，压力无论怎样加大，气体不可能再液化。

在 $p-V$ 图上，不同等温线上开始液化和液化终了的各点可以连成曲线 mKn。曲线 nK 的左边完全是液体，nK 线称为湿饱和液体线，以干度 $X=0$ 表示。曲线 mK 的右边完全是气体状态，mK 线称干饱和蒸气线，以干度 $X=1$ 表示（干度 X 表示气液共存区里饱和蒸气所占的比例，例如干度 $X=0.3$ 时，表示饱和蒸汽占 30%，饱和液体占 70%）。

5．电冰箱的制冷循环

电冰箱的制冷循环如图 5-9 和图 5-10 所示。图 5-9 为制冷循环示意图，图 5-10 为在 p-V 图上的制冷循环过程。

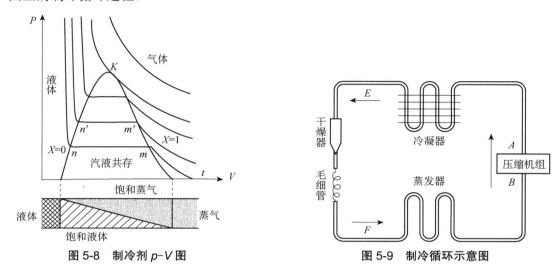

图 5-8　制冷剂 p-V 图　　　　　图 5-9　制冷循环示意图

由图 5-10 可见，电冰箱的制冷循环主要有四个过程：压缩机压缩 R12 蒸气，使它的压力由低增高成高温高压蒸气；冷凝器（散热器）使高温高压蒸气放热冷凝为中温高压液体；毛细管使中温高压液体节流膨胀为低温低压气液混合体，并不断供向蒸发器；蒸发器使 R12 液体吸热成低温低压蒸气，从而达到制冷循环的目的。四个过程的具体情况如下：

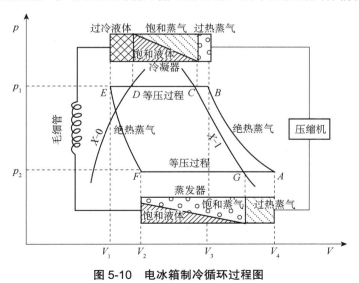

图 5-10　电冰箱制冷循环过程图

（1）压缩过程（绝热过程）　在压缩过程中，由于压缩机活塞的运动速度很快，可近似地看作与外界没有热量交换的绝热压缩。在 p-V 图中为 $A \rightarrow B$ 的一条绝热线。绝热线下的面积，即为压缩机对系统所做的功 W。

（2）冷凝过程（等压过程） 从压缩机排出的制冷剂刚进入冷凝器时是过热蒸气（B 点），它被空气冷却成干饱和蒸气（C 点），并进一步冷却成湿饱和液体（D 点），再进一步冷却成过冷液体直到 E 点。一般情况下，进入毛细管之前的制冷剂是过冷液体，这是等压过程，为冷凝压力 p_1。在 p-V 图中为 $B \rightarrow C \rightarrow D \rightarrow E$ 的一条水平线，在此过程中制冷剂放出热量 Q_1。

（3）减压过程（绝热过程） 制冷剂通过毛细管狭窄的通路时，由于摩擦和紊流，在流动方向产生压力下降，此即为焦耳-汤姆逊节流过程。在 p-V 图中为 $E \rightarrow F$ 的一条绝热线。

（4）蒸发过程（等压过程） 从毛细管出口经过蒸发器进入压缩机吸入口为止的制冷剂，状态尽管有变化，其压力是不变的，都是蒸发压力 p_2。进入蒸发器的制冷剂是气液混合体（F 点），制冷剂在通过蒸发器的过程中从周围吸收热量，蒸发成干饱和蒸气（G 点），再进一步过热蒸气被压缩机吸入（A 点）。在 p-V 图中为 $F \rightarrow G \rightarrow A$ 的一条水平线，在此过程中制冷剂吸收热量 Q_2。

以上四个过程，构成电冰箱的制冷循环过程。

6．制冷系数 ε

根据热力学第二定律，制冷机的制冷系数为

$$\varepsilon = \frac{Q_2}{W} \tag{5-29}$$

上式表示，压缩机对系统所做的功 W 越小，自低温热源吸取的热量 Q_2 越多，则制冷系数 ε 越大，越经济。制冷系数是反映制冷机制冷特性的一个参数，它可以大于 1，也可以小于 1。

如把制冷机看作逆向卡诺循环机，则制冷系数

$$\varepsilon = \frac{T_2}{T_1 - T_2} \tag{5-30}$$

由此可见，T_1、T_2 越接近，即冷冻室的温度与室温越接近时 ε 越大。消耗同样的功率，可以获得较好的制冷效果。冰箱里没有需要深度冷冻的物品时，不必将冷冻室的温度调得很低，一般保持在 $-5\,^{\circ}\mathrm{C}$ 左右即可，这样可以省电。

实验装置

模拟电冰箱实验装置（MB-2 型），功率计（75/150/300V，0.5/1A）。实验装置如图 5-11 所示。

1．冷冻室

其组成是在杜瓦瓶中盛三分之二深度的含水酒精作冷冻物；用蛇形管蒸发制冷剂吸热；用加热器平衡制冷剂蒸发时的吸热量，并用马达带动搅拌器使冷冻室内温度均匀。温度计 t_0 用于读出冷冻室内含水酒精的温度，以判定是否已达到了热平衡。

2．冷凝器

即散热器，在实验装置的背后，接"冷凝器入口 B"和"冷凝器出口 E"。

3．干燥管和毛细管

干燥管内装有吸湿剂，用于滤除制冷剂中可能存在的微量水分和杂质，防止在毛细管

中产生冰堵塞或脏堵塞。

内径小于 0.2mm 的毛细管用于制冷剂节流膨胀，产生焦耳-汤姆逊效应。

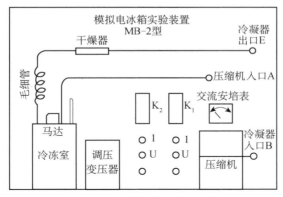

图 5-11 电冰箱操作台示意图

4．压缩机和电流表

压缩机压缩制冷剂使其压力由低变高。电流表用于监测压缩机的工作电流，当电流大于 1A 时，制冷系统可能有堵塞情况发生。电流表后装有通电延时器，以防压缩机启动时电流过载。

小型电冰箱压缩机的内部包括压缩机和电动机的两部分，由电动机拖动压缩机做功。电动机因种种损耗，输向压缩机的功率小于输入电动机的电功率 $P_电$，其效率 $\eta_电 \approx 0.8$；压缩机也因种种损耗，用于压缩气体的功率小于电动机输向压缩机的功率，其效率 $\eta_压 \approx 0.5$。因此，压缩机对制冷剂做功的功率 P（简称压缩机功率）

$$P = \eta P_电 = \eta_电 \eta_压 P_电 = 0.52 P_电 \tag{5-31}$$

5．接线柱 I、U、* 和调压变压器

接线柱共两组，$I_加$、$U_加$、* 组用于接测量加热功率的功率计；$I_电$、$U_电$、* 组用于接测量压缩机电功率的功率计。如不用功率计测量，也可用交流电流表（串接在 I、* 接线柱间）或交流电压表（I、* 接线柱短接），但事前需做出电流-功率或电压-功率定标曲线。实验时根据测得的电流值或电压值，查得功率值。调压变压器用于调节加热器电压 U，以改变加热功率。

6．开关

K_1 为压缩机电源开关，K_2 为加热器电源开关。

实验内容

连接仪器，接通电源，使系统运行正常后进行以下实验。

1. 压缩机功率的测量

用功率表测量冷冻室在不同温度 t 时，压缩机的电功率 $P_电$，计算得出压缩机功率 P。一般可从-5℃做起每隔 5℃做一次，直到-25℃左右，一共 5 次。作出 $P-t$ 的关系曲线图。

2. 制冷量的测定

制冷量 Q 表示单位时间内制冷剂通过蒸发器吸收的热量。测量时利用热平衡方法，测出冷冻室在不同温度 t 时加热器的加热功率 $P_{加}$，即制冷量 Q，作出 $Q-t$ 的关系曲线图。

3. 求制冷系数 ε

作出制冷系数 ε 与冷冻室温度 t 的关系曲线图，其中

$$\varepsilon = \frac{Q_2}{W} = \frac{Q}{P}$$ （5-32）

思考题

在瓶装饮料的外部敷上湿巾放在冰箱里冷冻效果会更好吗？为什么？

操作导引

资源 5-2：电冰箱致冷系数的测量

5.4 导热系数的测量

导热系数（热导率）是反映材料热性能的物理量。导热是热交换三种（导热、对流和辐射）基本形式之一，是工程热物理、材料科学、固体物理及能源、环保等各个研究领域的课题之一。要认识导热的本质和特征，需了解粒子物理，而目前对导热机理的理解大多数来自固体物理的实验。材料的导热机理在很大程度上取决于它的微观结构，热量的传递依靠原子、分子围绕平衡位置的振动以及自由电子的迁移，在金属中电子流起支配作用，在绝缘体和大部分半导体中则以晶格振动起主导作用。因此，材料的导热系数不仅与构成材料的物质种类密切相关，而且与它的微观结构、温度、压力及杂质含量有关。在科学实验和工程设计中所用材料的导热系数都需要用实验的方法测量。

1882 年，法国科学家 J·傅里叶奠定了热传导理论，目前各种测量导热系数的方法都是建立在傅里叶热传导定律基础之上的。从测量方法来说，可分为两大类：稳态法和动态法。本实验采用稳态平板法测量材料的导热系数。

实验目的

1. 了解热传导现象的物理过程；
2. 学习用稳态平板法测量材料的导热系数；
3. 学习用作图法求冷却速率；
4. 掌握一种用热电转换方式进行温度测量的方法。

实验仪器

导热系数测试仪，冰点补偿装置，测试样品（硬铝、硅橡胶、胶木板）。

实验原理

为了测量材料的导热系数，首先从热导率的定义和它的物理意义入手。热传导定律指出：如果热量沿着 Z 方向传导，那么在 Z 轴上任一位置 Z_0 处取一个垂直截面积 $\mathrm{d}S$（见图 5-12），以 $\dfrac{\mathrm{d}T}{\mathrm{d}Z}$ 表示在 Z 处的温度梯度，以 $\dfrac{\mathrm{d}Q}{\mathrm{d}t}$ 表示在该处的传热速率（单位时间内通过截面积 $\mathrm{d}S$ 的热量），那么热传导定律可表示成：

$$\mathrm{d}Q = -\lambda \left(\frac{\mathrm{d}T}{\mathrm{d}Z}\right)_{Z_0} \mathrm{d}S \cdot \mathrm{d}t \qquad (5\text{-}33)$$

式中，负号表示热量从高温区向低温区传导（即热传导的方向与温度梯度的方向相反）；比例系数 λ 即为导热系数，可见热导率的物理意义——在温度梯度为一个单位的情况下，单位时间内垂直通过单位截面的热量。

利用式（5-33）测量材料的导热系数 λ，需解决的关键问题有两个：一个是在材料内构造一个温度梯度 $\dfrac{\mathrm{d}T}{\mathrm{d}Z}$，并确定其数值；另一个是测量材料内由高温区向低温区的传热速率 $\dfrac{\mathrm{d}Q}{\mathrm{d}t}$。

1. 关于温度梯度 $\dfrac{\mathrm{d}T}{\mathrm{d}Z}$

为了在样品内构造一个温度的梯度分布，可以把样品加工成平板状，并把它夹在两块良导体——铜板之间，如图 5-13 所示，使两块铜板分别保持在恒定温度 T_1 和 T_2，就可能在垂直于样品表面的方向上形成温度的梯度分布，样品厚度可做成 $h \ll D$（h 为样本厚度，D 为样品直径）。这样，由于样品侧面积比平板面积小得多，由侧面散去的热量可以忽略不计，可以认为热量是沿垂直于样品平面的方向上传导，即只在此方向上有温度梯度。由于铜是热的良导体，在达到平衡时，可以认为同一铜板各处的温度相同，样品内同一平行平面上各处的温度也相同。这样，只要测出样品的厚度 h 和两块铜板的温度 T_1、T_2，就可以确定样品内的温度梯度度 $\dfrac{T_1 - T_2}{h}$。当然这需要铜板与样品表面紧密接触（无缝隙），否则中间的空气层将产生热阻，使得温度梯度测量不准确。

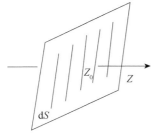

图 5-12　热传导定律示意图

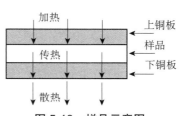

图 5-13　样品示意图

为了保证样品中温度场的分布具有良好的对称性，把样品及两块铜板都加工成等大的圆形。

2. 关于传热速率 $\dfrac{\mathrm{d}Q}{\mathrm{d}t}$

单位时间内通过一截面积的热量 $\dfrac{\mathrm{d}Q}{\mathrm{d}t}$ 是一个无法直接测量的量，我们设法将这个量转化为较为容易测量的量。为了维持一个恒定的温度梯度分布，必须不断地给高温侧铜板加热，热量通过样品传递到低温侧铜块，低温侧铜板则要将热量不断地向周围环境散出。当加热速率、传热速率与散热速率相等时，系统就达到一个动态平衡状态，称之为稳态。此时低温侧铜板的散热速率就是样品内的传热速率。这样，只要测量低温侧铜板在稳态温度 T_2 下散热的速率，也就间接测量出样品内的传热速率。但是，铜板的散热速率也不易测量，还需要进一步做参量转换。我们已经知道，铜板的散热速率与其冷却速率（温度变化率 $\dfrac{\mathrm{d}T}{\mathrm{d}t}$）有关，其表达式为

$$\left.\frac{\mathrm{d}Q}{\mathrm{d}t}\right|_{T_2} = -mc\left.\frac{\mathrm{d}T}{\mathrm{d}t}\right|_{T_2} \tag{5-34}$$

式中，m 为铜板的质量，c 为铜板的比热容，负号表示热量向低温方向传递。因为质量容易直接测量，c 为常量，这样对铜板的散热速率的测量又转化为对低温侧铜板冷却速率的测量。铜板的冷却速率可以这样测量：在达到稳态后，移去样品，用加热铜板直接对下金属铜板加热，使其温度高于稳定温度 T_2（大约高出 10℃），再让其在环境中自然冷却，直到温度低于 T_2，测出温度在大于 T_2 到小于 T_2 区间中随时间的变化关系，描绘出 $T\text{-}t$ 曲线，曲线在 T_2 处的斜率就是铜板在稳态温度 T_2 时的冷却速率。

应该注意的是，这样得出的 $\dfrac{\mathrm{d}T}{\mathrm{d}t}$ 是在铜板全部表面暴露于空气中的冷却速率，其散热面积为 $2\pi R_{\mathrm{p}}^2 + 2\pi R_{\mathrm{p}}h_{\mathrm{p}}$（其中，$R_{\mathrm{p}}$ 和 h_{p} 分别是下铜板的半径和厚度），然而在实验中稳态传热时，铜板的上表面（面积为 πR_{p}^2）是有样品覆盖的。由于物体的散热速率与它们的面积成正比，所以稳态时，铜板散热速率的表达式应修正为

$$\frac{\mathrm{d}Q}{\mathrm{d}t} = -mc\frac{\mathrm{d}T}{\mathrm{d}t} \cdot \frac{\pi R_{\mathrm{p}}^2 + 2\pi R_{\mathrm{p}}h_{\mathrm{p}}}{2\pi R_{\mathrm{p}}^2 + 2\pi R_{\mathrm{p}}h_{\mathrm{p}}} \tag{5-35}$$

根据前面的分析，这个量就是样品的传热速率。

将上式代入热传导定律表达式，并考虑到 $\mathrm{d}S = \pi R^2$，则可以得到导热系数

$$\lambda = -mc\frac{2h_{\mathrm{p}} + R_{\mathrm{p}}}{2h_{\mathrm{p}} + 2R_{\mathrm{p}}} \cdot \frac{1}{\pi R^2} \cdot \frac{h}{T_1 - T_2} \cdot \left.\frac{\mathrm{d}T}{\mathrm{d}t}\right|_{T=T_2} \tag{5-36}$$

式中，R 为样品的半径，h 为样品的高度，m 为下铜板的质量，c 为铜块的比热容，R_{p} 和 h_{p} 分别是下铜板的半径和厚度。式（5-36）中的各项均为常量或容易直接测量。

实验内容

（1）用自定量具测量样品、下铜板的几何尺寸和质量等必要的物理量，多次测量然后取平均值，其中铜板的比热容 $C=0.385\mathrm{kJ/(K \cdot kg)}$。

（2）加热温度设定。

① 按一下温控器面板上设定键（S），此时设定值（SV）后一位数码管开始闪烁。

② 根据实验所需温度的大小，再按设定键（S）左右移动到所需设定的位置，然后通过加数键（▲）、减数键（▼）来设定好所需的加热温度。

③ 设定好加热温度后，等待 8s 后返回至正常显示状态。

（3）圆筒发热盘侧面和散热盘侧面都有供安插热电偶的小孔，安放时此两小孔都应与冰点补偿器在同一侧，以免线路错乱。热电偶插入小孔时，要抹上些硅脂，并插到洞孔底部，保证接触良好，热电偶冷端接到冰点补偿器信号输入端。

根据稳态法的原理，必须得到稳定的温度分布，这就需要等待较长的时间。

手动控温测量导热系数时，控制方式开关拨到"手动"，将手动选择开关拨到"高"挡，根据目标温度的高低，加热一定时间后再拨至"低"挡。根据温度的变化情况要手动去控制"高"挡或"低"挡加热；然后，每隔 5min 读一下温度示值（具体时间因被测物和温度而异），如在一段时间内样品上、下表面温度 T_1、T_2 示值都不变，即可认为已达到稳定状态。

自动 PID 控温测量时，控制方式开关拨到"自动"，手动控制开关拨到中间一挡，PID 控温表将会使发热盘的温度自动达到设定值。每隔 5min 读一下温度示值，如在一段时间内样品上、下表面温度 T_1、T_2 示值都不变，即可认为已达到稳定状态。

（4）记录稳态时 T_1、T_2 值后，移去样品，继续对下铜板加热，当下铜盘温度比 T_1 高出 10℃左右时，移去圆筒，让下铜盘所有表面均暴露于空气中，使下铜板自然冷却。每隔 30s 读一次下铜盘的温度示值并记录，直至温度下降到 T_2 以下一定值。做铜板的 T–t 冷却速率曲线（选取邻近的 T_2 测量数据来求出冷却速率）。

（5）根据式（5-36）计算样品的导热系数 λ。

（6）本实验选用铜-康铜热电偶测量温度，温差 100℃时，其温差电动势约 4.0mV，故应配用量程 0～20mV、精度为 0.01mV 的数字电压表（数字电压表前端采用自稳零放大器，故无须调零）。由于热电偶冷端温度为 0℃，对一定材料的热电偶而言，当温度变化范围不大时，其温差电动势（mV）与待测温度（0℃）的比值是一个常数。由此，在用式（5-36）计算时，可以直接以电动势值代表温度值。

注意事项

（1）稳态法测量时，要使温度稳定约要 40min。手动测量时，为缩短时间，可先将热板电源电压设定在高挡，一定时间后，毫伏表读数接近目标温度对应的热电偶读数，即可将开关拨至低挡，通过调节手动开关的高挡、低挡及断电挡，使上铜盘的热电偶输出的毫伏值在±0.03mV 范围内。同时每隔 30s 记下上、下圆盘 A 和 P 对应的毫伏读数，待下圆盘的毫伏读数在 3min 内不变即可认为已达到稳定状态，记下此时的 V_{T_1} 和 V_{T_2} 值。

（2）测量金属的导热系数的稳态值时，热电偶应该插到金属样品上的两侧小孔中；测量散热速率时，热电偶应该重新插到散热盘的小孔中。T_1、T_2 值为稳态时金属样品上、下两侧的温度，此时散热盘 P 的温度为 T_3，因此测量 P 盘的冷却速率应为

$$\left.\frac{\Delta T}{\Delta t}\right|_{T=T_3}$$

所以

$$\lambda = mc\frac{\Delta T}{\Delta t}\bigg|_{T=T_3} \cdot \frac{h}{T_1 - T_2} \cdot \frac{1}{\pi R^2}$$

测量 T_3 值时要在 T_1、T_2 达到稳定时，将上面测量 T_1 或 T_2 的热电偶移下来插到金属下端的小孔中进行测量。高度 h 按金属样品上的小孔的中心距离计算。

（3）样品圆盘 B 和散热盘 P 的几何尺寸，可用游标尺多次测量取平均值。散热盘的质量 m 约为 0.8kg，可用药物天平称量。

（4）本实验选用铜-康铜热电偶，温差 100℃时，温差电动势约 4.27mV，故配用了量程 0～20mV 的数字电压表，并能测量到 0.01mV 的电压。

当出现异常报警时，温控器测量值显示 HHHH，设置值显示 Err，当故障解决后可按设定键（S）复位和加数键（▲）、减数键（▼）键重设温度。

操作导引

资源 5-3：铜-康铜热电偶分度表
资源 5-4：不同材料的密度和导热系数

5.5　电子束在电磁场中的聚焦和偏转

电子束的偏转在示波管、电视显像管、雷达指示管、扫描电子显微镜等许多仪器设备中得到广泛的应用。本实验研究带电粒子（电子）在电场和磁场的作用下所发生的偏转运动，以加深我们对电子在电场和磁场中运动规律的理解，同时通过本实验使我们对示波管的结构和工作原理达到基本了解。

实验目的

1. 了解带电粒子在电磁场中的运动规律，了解电子束的电偏转、电聚焦、磁偏转、磁聚焦的原理；
2. 学习一种测量电子荷质比的方法。

实验原理

1. 示波管的基本结构与工作原理

示波管又称阴极射线管，它主要由电子枪、偏转板和荧光屏三大部分组成。其中，电子枪是示波管的核心部件，它的结构又包含以下几个部分，即阴极 K、栅极 G、第一阳极 A_1、聚焦栅极 FA 和第二阳极 A_2 共五个同轴布置的金属圆筒形电极，其内部有孔径大小不同的挡板，各部件的安置状况如图 5-14 所示。

所有部件全都密封在一个抽成真空的玻璃外壳里，目的是为了避免电子与气体分子碰撞而引起电子束散射。接通电源后，灯丝发热，阴极发射电子。栅极加上相对于阴极的负电压，它有两个作用：一方面调节栅极电压的大小控制阴极发射电子的强度，所以栅极也叫控制极；另一方面栅极电压和第一阳极电压构成一定的空间电位分布，使得由阴极发射的电子束在栅极附近形成一个交叉点。第一阳极和第二阳极的作用，一方面构成聚焦电场，使得经过第一交叉点又发散了的电子在聚焦场作用下又会聚起来；另一方面使电子加速，电子以高速打在荧光屏上，屏上的荧光物质在高速电子轰击下发出荧光，荧光屏上的发光亮度取决于到达荧光屏的电子数目和速度，改变栅极电压及加速电压的大小都可控制光点的亮度。水平偏转板和垂直偏转板是互相垂直的平行板，偏转板上加以不同的电压，用来控制荧光屏上亮点的位置。

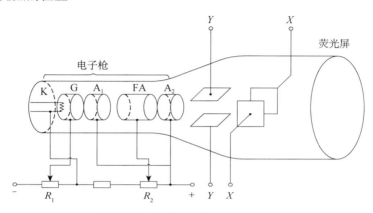

图 5-14　小型示波管结构示意图

2．电子的加速和电偏转

为了描述电子的运动，我们选用了一个直角坐标系，其 Z 轴沿示波管管轴，X 轴是示波管正面所在平面上的水平线，Y 轴是示波管正面所在平面上的竖直线。

从阴极发射出来通过电子枪各个小孔的一个电子，它在从阳极 A_2 射出时在 Z 方向上具有速度 v_z，v_z 的值取决于 K 和 A_2 之间的电位差 V_2。

电子从 K 移动到 A_2，位能降低了 eV_2。因此，如果电子逸出阴极时的初始动能可以忽略不计，那么它从 A_2 射出时的动能 $\frac{1}{2}mv_z^2$ 就由下式确定：

$$\frac{1}{2}mv_z^2 = ev_2 \tag{5-37}$$

此后，电子再通过偏转板之间的空间。如果偏转板之间没有电位差，那么电子将笔直地通过，最后打在荧光屏的中心（假定电子枪瞄准了中心）形成一个小亮点。但是，如果两个垂直偏转板之间加有电位差 V_d，使偏转板之间形成一个横向电场 E_y，那么作用在电子上的电场力便使电子获得一个横向速度 v_y，但却不改变它的轴向速度分量 v_z。这样，电子在离开偏转板时运动的方向将与 z 轴成一个夹角 θ，而这个 θ 角（如图 5-15 所示）由下式决定：

$$\tan\theta = \frac{v_y}{v_z} \tag{5-38}$$

如果知道了偏转电位差和偏转板的尺寸，那么以上各量都能计算出来。

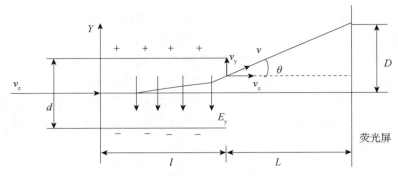

图 5-15　电子在电场中的运动

设距离为 d 的两个偏转板之间的电位差 V_d 在其中产生一个横向电场 $E_y=V_d/d$，从而对电子作用一个大小为 $F_y=eE_y=eV_d/d$ 的横向力。在电子从偏转板之间通过的时间 Δt 内，这个力使电子得到一个横向动量 mv_y，而它等于力的冲量，即

$$mv_y = F\Delta t = ev_d\frac{\Delta t}{d} \tag{5-39}$$

于是

$$v_y = \frac{e}{m}\frac{V_d}{d}\Delta t \tag{5-40}$$

然而，这个时间间隔 Δt，也就是电子以轴向速度 v_z 通过距离 l（l 等于偏转板的长度）所需要的时间，因此 $l=v_z\Delta t$。由这个关系式解出 Δt，代入冲量-动量关系式得

$$v_y = \frac{e}{m}\frac{V_d}{d}\frac{l}{v_z} \tag{5-41}$$

这样，偏转角 θ 就由下式给出

$$\tan\theta = \frac{v_y}{v_z} = \frac{eV_d l}{dmv_z^2} \tag{5-42}$$

再把能量关系式（5-37）代入式（5-42），最后得到

$$\tan\theta = \frac{V_d}{V_2}\frac{l}{2d} \tag{5-43}$$

这个公式表明，偏转角随偏转电位差 V_d 的增加而增大，而且，偏转角也随偏转板长度 l 的增大而增大，偏转角与 d 成反比，对于给定的总电位差来说，两偏转板之间距离越近，偏转电场就越强。

最后，降低加速电位差 V_2 也能增大偏转，这是因为这样就减小了电子的轴向速度，延长了偏转电场对电子的作用时间。此外，对于相同的横向速度，轴向速度越小，得到的偏转角就越大。

电子束离开偏转区域以后便又沿一条直线行进，这条直线是电子离开偏转区域那一点的电子轨迹的切线。这样，荧光屏上的亮点会偏移一个垂直距离 D，而这个距离由关系式 $D=L\tan\theta$ 确定；这里，L 是偏转板到荧光屏的距离（忽略荧光屏的微小的曲率）。如果更详细地分析电子在两个偏转板之间的运动，我们会看到这里的 L 应从偏转板的中心量到荧光屏，于是有

$$D = L \frac{V_\mathrm{d}}{V_2} \frac{l}{2d} \tag{5-44}$$

3．电聚焦原理

图 5-16 是 FA 和 A$_2$ 这个区域放大了的截面图，图中虚线为等位线，实线为电场线，电场对管轴为对称分布。设想电子束中某个散离轴线的电子以速度 v_1 沿轨道 S 进入到该聚焦电场中，在电场的前半区（例如图 5-16 所示的 A 区域内），电子受到电场横向分力 F_r 的作用，使电子的运动方向产生偏转，运动轨迹逐渐向轴线靠拢；与此同时，电场的轴向分力 F_z 使电子沿轴向得到加速。当电子进入到后半区域（例如图 5-16 所示的 B 区）时，电场的横向分力 F_r' 对电子起散焦作用，有使电子偏离轴线的趋势。但由于在整个电场区域内电子都受到沿管轴同方向的作用力（F_z 和 F_z'），使它在后半区域内比在前半区运动得更快，受横向力 F_r' 的作用时间极短，这就使得电子在后半区偏离轴线方向的冲量比前半区向内的冲量要小得多。因此，总的效果仍然是使电子靠拢轴线。不过通常情况下，电子束的聚焦点不一定正好落在荧光屏上，而可能在管轴的其他位置上。这时，只要适当调节聚焦电位器以选取合适的 V_1 / V_2 比值，便可使会聚点正好落在荧光屏的中心位置处。

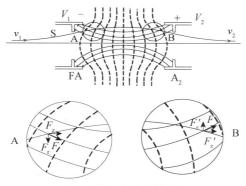

图 5-16　电聚焦原理

4．电子的磁偏转原理

在磁场中运动的电子会受到洛仑兹力作用，这个力的大小 F 与电子垂直于磁场方向的速度分量成正比，而方向总是既垂直于磁场 $\boldsymbol{B}$ 又垂直于瞬时速度 $\boldsymbol{v}$。从 $\boldsymbol{F}$ 与 $\boldsymbol{v}$ 方向之间的关系可以直接导出一个重要的结果：由于电子总是沿着与作用在它上面的力相垂直的方向运动，磁场力不对电子做功，由于这个原因，在磁场中运动的电子保持动能不变，因而速率也不变。当然，速度的方向可以改变。在本实验中，我们将观测到在垂直于电子束方向的磁场作用下电子束的偏转。

如图 5-17 所示，电子从电子枪发射出来时，其轴向速度 v_z 由下面能量关系式决定：

$$\frac{1}{2} m v_\mathrm{z}^2 = e V_2$$

电子束进入长度为 l 的区域，这里有一个垂直于纸面向外的均匀磁场 $\boldsymbol{B}$，由此引起的磁场力的大小为 $F = e v_\mathrm{z} B$，而且它始终垂直于速度，此外，由于这个力所产生的加速度在每一瞬间都垂直于 $\boldsymbol{v}$，此力的作用只是改变 $\boldsymbol{v}$ 的方向而不改变它的大小。也就是说，电子

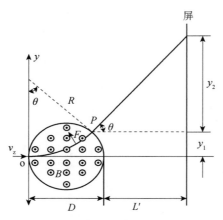

图 5-17　电子在磁场中的运动

以恒定的速率运动。电子在磁场力的影响下做圆弧运动，因为圆周运动的向心加速度为 v_z^2/R，而产生这个加速度的力（有时称为向心力）必定为 mv_z^2/R，所以圆弧的半径很容易计算出来。向心力大小等于 $F=ev_zB$，因而 $mv_z^2/R=ev_zB$，即 $r=mv_z/eB$。电子离开磁场区域之后，重新沿一条直线运动，最后，电子束打在荧光屏上某一点，这一点相对于没有偏转的电子束的位置移动了一段距离。

5．磁聚焦和电子荷质比的测量原理

置于长直螺线管中的示波管，在不受任何偏转电压的情况下，示波管正常工作时，调节亮度和聚焦，可在荧光屏上得到一个小亮点。若第二加速阳极 A_2 的电压为 V_2，则电子的轴向运动速度用 v_z 表示，则有

$$v_z=\sqrt{\frac{2eV_2}{m}} \tag{5-45}$$

当给其中一对偏转板加上交变电压时，电子将获得垂直于轴向的分速度（用 v_r 表示），此时荧光屏上便出现一条直线，随后给长直螺线管通一直流电流 I，于是螺线管内便产生磁场，其磁感强度用 B 表示。众所周知，运动电子在磁场中要受到洛仑兹力 $F=ev_rB$ 的作用（v_z 方向受力为零），这个力使电子在垂直于磁场（也垂直于螺线管轴线）的平面内做圆周运动，设其圆周运动的半径为 R，则有

$$ev_rB=\frac{mv_r^2}{R}，\ 即\ R=\frac{mv_r}{eB} \tag{5-46}$$

圆周运动的周期为

$$T=\frac{2\pi R}{v_r}=\frac{2\pi m}{eB} \tag{5-47}$$

电子既在轴线方向做直线运动，又在垂直于轴线的平面内做圆周运动。它的轨道是一条螺旋线（见图 5-18），其螺距用 h 表示，则有

$$h=v_zT=\frac{2\pi m}{eB}v_z \tag{5-48}$$

由式（5-47）和式（5-48）可以看出，电子运动的周期和螺距均与 v_r 无关。虽然每个电子的径向速度不同，但由于轴向速度相同，由一点出发的电子束，经过一个周期以后，

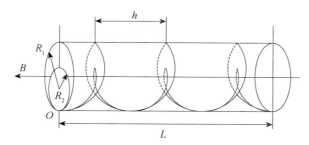

图 5-18　电子螺旋运动示意图

它们又会在距离出发点相距一个螺距的地方重新相遇，这就是磁聚焦的基本原理。由式（5-48）可得

$$e/m = 8\pi^2 V_2 / h^2 B \tag{5-49}$$

长直螺线管的磁感强度 B 可以由下式计算：

$$B = \frac{\mu_0 NI}{\sqrt{L^2 + D^2}} \tag{5-50}$$

将式（5-50）代入式（5-49），可得电子荷质比为

$$e/m = 8\pi^2 V_2 (L^2 + D^2) / \mu_0^2 N^2 h^2 I^2 \tag{5-51}$$

式中，μ_0 为真空中的磁导率，$\mu_0 = 4\pi \times 10^7 \text{H/m}$，其他参数由实验给出。

实验仪器

DZS-D 型电子束实验仪。

实验内容

1．电偏转

（1）V_2 为 600V 时，测量 Y 轴 D 与 V_d 数据。

（2）作 D-V_d 图，求出曲线斜率得电偏转灵敏度。

（3）测量 X 轴在不同 V_2 下的偏转灵敏度。

2．电聚焦

记录不同 V_2 下的 V_1 数值，求出 V_2/V_1。

3．磁偏转

（1）V_2 电压为 600V，记录 D 与 I 数据。

（2）作 D–I 图，求曲线斜率得磁偏转灵敏度。

（3）V_2 电压为 700V，记录 D 与 I 数据。

（4）作 D–I 图，求曲线斜率得磁偏转灵敏度。

（5）比较 V_2 不同时磁偏转灵敏度的不同。

操作导引

资源 5-5：电子荷质比的测量

5.6 铁磁材料 *B-H* 曲线测量

磁性材料应用广泛，从常用的永久磁铁、变压器铁芯到录音、录像、计算机存储用的磁带、磁盘等都采用磁性材料。磁滞回线和基本磁化曲线反映了磁性材料的主要特征。通过实验研究这些性质不仅能掌握用示波器观察磁滞回线以及基本磁化曲线的基本测绘方法，而且能从理论和实际应用上加深对材料磁特性的认识。

铁磁材料分为硬磁和软磁两大类，其根本区别在于矫顽磁力 H_C 大小的不同。硬磁材料的磁滞回线宽，剩磁和矫顽磁力大（$120 \sim 2 \times 10^4$A/m 或以上），因而磁化后，其磁感强度可长久保持，适宜做永久磁铁。软磁材料的磁滞回线窄，矫顽磁力 H_C 一般小于 120A/m，但其磁导率和饱和磁感强度大，容易磁化和去磁，故广泛用于电机、电器和仪表制造等工业部门。磁化曲线和磁滞回线是铁磁材料的重要特性，也是设计电磁机构的仪表的重要依据之一。

本实验采用动态法测量磁滞回线。需要说明的是用动态法测量的磁滞回线与静态磁滞回线是不同的，动态测量时除了磁滞损耗还有涡流损耗，因此动态磁滞回线的面积要比静态磁滞回线的面积大一些。另外涡流损耗还与交变磁场的频率有关，所以测量的电源频率不同，得到的 *B-H* 曲线是不同的，这可以在实验中清楚地从示波器上观察到。

实验目的

1. 掌握磁滞、磁滞回线和磁化曲线的概念，加深对铁磁材料的主要物理量——矫顽力、剩磁和磁导率的理解；

2. 学会用示波法测绘基本磁化曲线和磁滞回线；

3. 根据磁滞回线确定磁性材料的饱和磁感应强度 B_S、剩磁 B_r 和矫顽力 H_C 的数值；

4. 研究不同频率下动态磁滞回线的区别，并确定某一频率下的磁感应强度 B_S、剩磁 B_r 和矫顽力 H_C 的数值；

5. 改变不同的磁性材料，比较磁滞回线形状的变化。

实验原理

1. 磁化曲线

如果在通电线圈产生的磁场中放入铁磁物质，则磁场将明显增强，此时铁磁物质中的磁感应强度比单纯由电流产生的磁感应强度增大百倍，甚至在千倍以上。铁磁物质内部的磁场强度 H 与磁感应强度 B 有如下的关系：

$$B=\mu H$$

对于铁磁物质而言，磁导率 μ 并非常数，而是随 H 的变化而改变的物理量，即 $\mu=f(H)$ 为非线性函数，所以 B 与 H 也是非线性关系。

铁磁材料的磁化过程为：其未被磁化时的状态称为去磁状态，这时若在铁磁材料上加一个由小到大的磁化场，则铁磁材料内部的磁场强度 H 与磁感应强度 B 也随之变大，其 B-H 变化曲线如图 5-19 所示。但当 H 增加到一定值 H_S 后，B 几乎不再随 H 的增加而增加，说明磁化已达饱和，从未磁化到饱和磁化的这段磁化曲线称为材料的起始磁化曲线，如图 5-19 中的 OS 段曲线所示。

2．磁滞回线

当铁磁材料的磁化达到饱和之后，如果将磁化场减弱，则铁磁材料内部的 B 和 H 也随之减小，但其减小的过程并不沿着磁化时的 OS 段退回。由图 5-20 可知当磁化场撤销，$H=0$ 时，磁感应强度仍然保持一定数值 $B=B_r$，称为剩磁（剩余磁感应强度）。

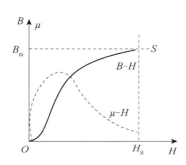

图 5-19　磁化曲线和 μ-H 曲线

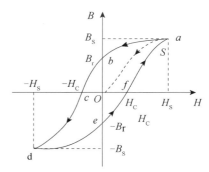

图 5-20　起始磁化曲线与磁滞回线

若要使被磁化的铁磁材料的磁感应强度 B 减小到 0，必须加上一个反向磁场并逐步增大。当铁磁材料内部反向磁场强度增加到 $H=-H_C$ 时（对应图 5-20 上的 c 点），磁感强度 B 才等于 0，达到退磁。图 5-20 中的 bc 段曲线称作退磁曲线，H_C 为矫顽磁力。如图 5-20 所示，当 H 按 $O{\to}H_s{\to}O{\to}-H_C{\to}-H_s{\to}O{\to}H_C{\to}H$ 的顺序变化时，B 相应沿 $O{\to}B_s{\to}B_r{\to}O{\to}-B_s{\to}-B_r{\to}O{\to}B_s$ 顺序变化。图中的 oa 段曲线称作起始磁化曲线，所形成的封闭曲线 $abcdefa$ 称为磁滞回线，bc 曲线段称为退磁曲线。由图 5-20 可知：

（1）当 $H=0$ 时，$B{\neq}0$，这说明铁磁材料还残留一定值的磁感应强度 B_r，通常称 B_r 为铁磁物质的剩余磁感应强度（简称剩磁）。

（2）若要使铁磁物质完全退磁，即 $B=0$，必须加一个反方向磁场。这个反向磁场强度 $-H_C$（有时用其绝对值表示），称为该铁磁材料的矫顽磁力。

（3）B 的变化始终落后于 H 的变化，这种现象称为磁滞现象。

（4）H 上升与下降到同一数值时，铁磁材料内的 B 值并不相同，退磁化过程与铁磁材料过去的磁化经历有关。

（5）当从初始状态 $H=0$、$B=0$ 开始周期性地改变磁场强度的幅值时，在磁场由弱到强地单调增加过程中，可以得到面积由大到小的一簇磁滞回线，如图 5-21 所示，其中最大面积的磁滞回线称为极限磁滞回线。

（6）由于铁磁材料磁化过程的不可逆性及具有剩磁的特点，在测量磁化曲线和磁滞回线时，首先必须将铁磁材料预先退磁，以保证外加磁场 $H=0$，$B=0$；其次，磁化电流在实验过程中只允许单调增加或减少，不能时增时减。在理论上，要消除剩磁 B_r，只需通一反向磁化电流，使外加磁场强度正好等于铁磁材料的矫顽磁力即可。实际上，矫顽磁力的大小通常并不知道，因而无法确定退磁电流的大小。我们从磁滞回线得到启示，如果使铁磁材料磁化达到磁饱和，然后不断改变磁化电流的方向，与此同时逐渐减少磁化电流，直到等于零，则该材料的磁化过程中就会出现一连串面积逐渐缩小而最终趋于原点的环状曲线，如图 5-22 所示。当 H 减小到零时，B 亦同时降为零，达到完全退磁。

实验表明，经过多次反复磁化后，B-H 的量值关系形成一个稳定的闭合的"磁滞回线"，通常以这条曲线来表示该材料的磁化性质。这种反复磁化的过程称为"磁锻炼"。本实验使用交变电流，所以每个状态都是经过充分的"磁锻炼"，随时可以获得磁滞回线。

我们把图 5-21 中原点 O 和各个磁滞回线的顶点 a_1，a_2，……a 所连成的曲线，称为铁磁性材料的基本磁化曲线。不同的铁磁材料其基本磁化曲线是不相同的。为了使样品的磁特性可以重复出现，也就是指所测得的基本磁化曲线都是由原始状态（H=0，B=0）开始，在测量前必须进行退磁，以消除样品中的剩余磁性。

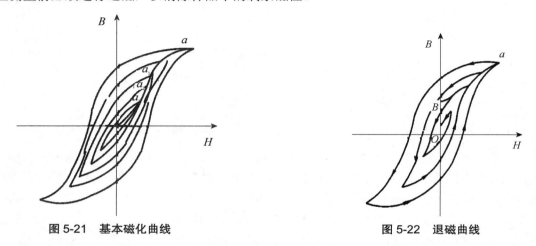

图 5-21　基本磁化曲线　　　　　　　　　　　　图 5-22　退磁曲线

在测量基本磁化曲线时，每个磁化状态都要经过充分的"磁锻炼"，否则，得到的 B-H 曲线即为开始介绍的起始磁化曲线，两者不可混淆。

3．示波器测量 B-H 曲线的原理线路

示波器测量 B-H 曲线的实验线路如图 5-23 所示。

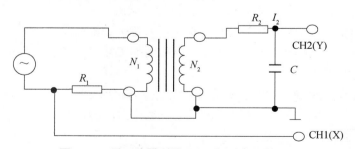

图 5-23　用示波器测量 B-H 曲线的实验线路

本实验研究的铁磁物质是"日"字形铁芯试样（如图 5-24 所示），在试样上绕有励磁线圈 N_1 匝和测量线圈 N_2 匝。若在线圈 N_1 中通过磁化电流 I_1 时，此电流在试样内产生磁场，根据安培环路定律 $HL=N_1I_1$，磁场强度的大小为

$$H = \frac{N_1 I_1}{L} \tag{5-52}$$

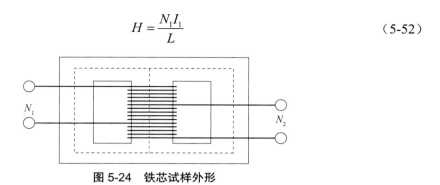

图 5-24 铁芯试样外形

其中，L 为的"日"字形铁芯试样的平均磁路长度（在图 5-24 中用虚线表示）。

由图 5-23 可知示波器 CH1（X）轴偏转板输入电压为

$$U_X = I_1 R_1 \tag{5-53}$$

由式（5-52）和式（5-53）得

$$U_X = \frac{L R_2}{N_1} H \tag{5-54}$$

上式表明在交变磁场下，任一时刻电子束在 X 轴的偏转正比于磁感强度 H。

为了测量磁感应强度 B，在次级线圈 N_2 上串联一个电阻 R_2 与电容 C 构成一个回路，同时 R_2 与 C 又构成一个积分电路。取电容 C 两端电压 U_C 至示波器 CH2（Y）轴输入，若适当选择 R_2 和 C，使 $R_2 \gg \dfrac{1}{\omega C}$，则

$$I_2 = E_2 \left/ \left[R_2^2 + \left(\frac{1}{\omega C} \right)^2 \right]^{\frac{1}{2}} \right. \approx \frac{E_2}{R_2}$$

式中，ω 为电源的角频率，E_2 为次级线圈的感应电动势。

因交变的磁场 H 在样品中产生交变的磁感应强度 B，则

$$E_2 = N_2 \frac{\mathrm{d}\phi}{\mathrm{d}t} = N_2 S \frac{\mathrm{d}B}{\mathrm{d}t}$$

式中，$S = ab$ 为铁芯试样的截面积，设铁芯的宽度为 a，厚度为 b，则

$$U_Y = U_C = \frac{Q}{C} = \frac{1}{C} \int I_2 \mathrm{d}t = \frac{1}{C R_2} \int E_2 \mathrm{d}t = \frac{N_2 S}{C R_2} \int \mathrm{d}B = \frac{N_2 S}{C R_2} B \tag{5-55}$$

上式表明接在示波器 Y 轴输入的 U_Y 正比于 B，R_2C 电路在电子技术中称为积分电路，表示输出的电压 U_C 是感应电动势 E_2 对时间的积分。为了如实地绘出磁滞回线，要求：一，$R_2 \gg \dfrac{1}{2\pi f C}$；二，在满足上述条件下，$U_C$ 振幅很小，不能直接绘出大小适合需要的磁滞回线。为此，需将 U_C 经过示波器 Y 轴放大器增幅后输至 Y 轴偏转板上。这就要求在实验磁场的频率范围内，放大器的放大系数必须稳定，不会带来较大的相位畸变。事实上示波器难以完全达到这个要求，因此在实验时经常会出现如图 5-25 所示的畸变。观测时将 X 轴输入选择 AC，Y 轴输入选择 DC，并选择合适的 R_1 和 R_2 的阻值可得到最佳磁滞回线图形，避免出现这种畸变。这样，在磁化电流变化的一个周期内，电子束的径迹描绘出一条

完整的磁滞回线。适当调节示波器 X 和 Y 轴增益，再由小到大调节信号发生器的输出电压，即能在屏上观察到由小到大扩展的磁滞回线图形，逐次记录其正顶点的坐标，并在坐标纸上把它联成光滑的曲线，就得到样品的基本磁化曲线。

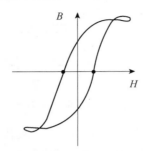

图 5-25　磁滞回线图形的畸变

4. 示波器的定标

从前文介绍中可知从示波器上可以显示出待测材料的动态磁滞回线，但为了定量研究磁化曲线和磁滞回线，必须对示波器进行定标，即还须确定示波器 X 轴的每格代表多少 H 值（A/m），Y 轴每格实际代表多少 B 值（T）。

一般示波器都有已知的 X 轴和 Y 轴的灵敏度，可根据示波器的使用方法，结合实验使用的仪器就可以对 X 轴和 Y 轴分别进行定标，从而测量出 H 值和 B 值的大小。

设 X 轴灵敏度为 S_X（V/格），Y 轴的灵敏度为 S_Y（V/格）（上述 S_X 和 S_Y 均可从示波器的面板上直接读出），则

$$U_X = S_X X, \ U_Y = S_Y Y$$

式中，X 和 Y 分别为测量时记录的坐标值（单位：格，指一大格）。

由于本实验使用的 R_1、R_2 和 C 都是参数值已知的标准元件，误差很小，其中的 R_1、R_2 为无感交流电阻，C 的介质损耗非常小。所以综合上述分析，本实验定量计算公式为

$$H = \frac{N_1 S_X}{L R_1} X \tag{5-56}$$

$$B = \frac{R_2 C S_Y}{N_2 S} Y \tag{5-57}$$

式中，R_1、R_2 单位是 Ω；L 单位是 m；S 单位是 m^2；C 单位是 F；S_X、S_Y 单位是 V/格；X、Y 单位是格；H 的单位是 A/m；B 的单位是 T。

实验内容

使用仪器前先将信号源输出幅度调节旋钮逆时针旋到底（多圈电位器），使输出信号为最小；然后调节频率调节旋钮，因为频率较低时，负载阻抗较小，在信号源输出相同电压下负载电流较大，会引起采样电阻发热。

1. 显示和观察 2 种样品在 25Hz、50Hz、100Hz、150Hz 交流信号下的磁滞回线图形

（1）按图 5-26 所示线路接线。

① 逆时针调节幅度调节旋钮到底，使信号输出最小。

② 调示波器显示工作方式为 X-Y 方式，即图示仪方式。

③ 示波器 X 输入为 AC 方式，测量采样电阻 R_1 的电压。

④ 示波器 Y 输入为 DC 方式，测量积分电容的电压。

⑤ 用专用接线接通样品 1（或样品 2）的初级与次级（注：接地端仪器内已连接）。

⑥ 接通示波器和动态磁滞回线实验仪电源，适当调节示波器辉度，以免荧光屏中心受损，预热 10min 后开始测量。

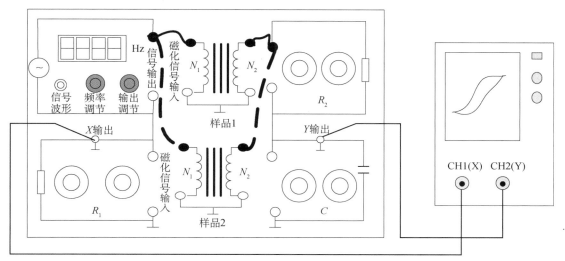

图 5-26　动态磁滞回线实验仪面板图（实线连接样品 1，虚线连接样品 2）

（2）示波器光点调至显示屏中心，调节实验仪频率调节旋钮，频率显示窗显示 25.00Hz。

（3）单调增加磁化电流，即缓慢顺时针调节幅度调节旋钮，使示波器显示的磁滞回线上 B 值增加缓慢，达到饱和。改变示波器上 X、Y 输入增益段开关并锁定增益电位器（一般为顺时针到底），调节 R_1、R_2 的大小，使示波器显示出典型美观的磁滞回线图形。

（4）单调减小磁化电流，即缓慢逆时针调节幅度调节旋钮，直到示波器最后显示为一点，位于显示屏的中心，即 X 和 Y 轴线的交点；如不在中间，可适当调节示波器的 X 和 Y 位移旋钮，把显示图形移到显示屏的中心。

（5）单调增加磁化电流，即缓慢顺时针调节幅度调节旋钮，使示波器显示的磁滞回线上 B 值缓慢增加，达到饱和，改变示波器上 X、Y 输入增益波段开关和 R_1、R_2 的值，示波器显示典型美观的磁滞回线图形。磁化电流在水平方向上的读数为（-5.00，+5.00）格。

（6）逆时针调节（幅度调节旋钮到底），使信号输出最小，调节实验仪频率调节旋钮，频率显示窗分别显示 20.0～200.0Hz 连续可调，重复上述（3）～（5）的操作步骤，比较磁滞回线形状的变化。表明磁滞回线形状与信号频率有关，频率越高磁滞回线包围面积越大，用于信号传输时磁滞损耗也大。

（7）更换实验样品，重复上述（2）～（6）步骤，观察 50.0Hz 时的磁滞回线。

2．测绘磁化曲线和动态磁滞回线

（1）在实验仪样品架上插好实验样品，逆时针调节幅度调节旋钮到底，使信号输出最小。将示波器光点调至显示屏中心，调节实验仪频率调节旋钮，频率显示窗显示 50.0Hz。

（2）退磁。

① 单调增加磁化电流，顺时针缓慢调节信号幅度旋钮，使示波器显示的磁滞回线上 B 值增加变得缓慢，达到饱和。改变示波器上 X、Y 输入增益和 R_1、R_2 的值，示波器显示典型美观的磁滞回线图形。磁化电流在水平方向上的读数为（-5.00，+5.00）格，此后，保持示波器上的 X、Y 输入增益波段开关和 R_1、R_2 值固定不变，并锁定增益电位器（一般为顺时针到底），以便进行 H、B 的标定。

② 单调减小磁化电流，即缓慢逆时针调节幅度调节旋钮，直到示波器最后显示为一点，位于显示屏的中心，即 X 和 Y 轴线的交点，如不在中间，可调节示波器的 X 和 Y 位移旋钮。实验中可用示波器 X、Y 输入的接地开关检查示波器的中心是否对准屏幕 X、Y 坐标的交点。

（3）磁化曲线（即测量大小不同的各个磁滞回线的顶点的连线）。

单调增加磁化电流，即缓慢顺时针调节幅度调节旋钮，磁化电流在 X 方向读数为 0、0.20、0.40、0.60、0.80、1.00、2.00、3.00、4.00、5.00，单位为格；记录磁滞回线顶点在 Y 方向上读数，单位为格；磁化电流在 X 方向上的读数为（-5.00，+5.00）格时，示波器显示典型美观的磁滞回线图形。此后，保持示波器上的 X、Y 输入增益波段开关和 R_1、R_2 值固定不变，并锁定增益微调电位器（一般为顺时针到底），以便进行 H、B 的标定。

（4）动态磁滞回线。

在磁化电流 X 方向上的读数在（-5.00，+5.00）格范围时，记录示波器显示的磁滞回线在 X 坐标为 5.0、4.0、3.0、2.0、1.0、0、-1.0、-2.0、-3.0、-4.0、-5.0 格时所对应的 Y 坐标；然后在 Y 坐标为 4.0、3.0、2.0、1.0、0、-1.0、-2.0、-3.0、-4.0 格时相对应的 X 坐标，显然 Y 最大值对应饱和磁感应强度 B_S。

$X=0$，Y 读数对应剩磁 B_r。

$Y=0$，X 读数对应矫顽力 H_C。

（5）作磁化曲线。

由前所述，H、B 的计算公式为

$$H = \frac{N_1 S_X}{L R_1} X \ (\text{A/m})$$

$$B = \frac{R_2 C S_Y}{N_2 S} Y \ (\text{mT})$$

按所记录数据，用计算机电子表格或手工绘制磁滞回线图 $B \sim H$。

（6）改变磁化信号的频率，重复进行上述实验。

补充： 动态磁滞回线实验仪性能指标。

信号源输出：正弦波，频率 f=20～200Hz，连续可调，4 位数显表指示；

磁化电流采样电阻 R_1：二位电阻盘，（0～10）×（1+0.1）Ω，STEP 0.1Ω；

积分电阻 R：二位电阻盘，（0～10）×（10+1）kΩ，STEP 1kΩ；

积分电容 C：二位电容盘，（0～10）×（1+0.1）μF，STEP 0.1μF；

样品 1：N_1＝100（匝），N_2＝300（匝），铁芯截面 S=2.21×10⁻⁴m²，平均磁路长度 L=0.084m；

样品 2：除铁芯材料不同外，其余参数同上。

思考题

1. 测定铁磁材料的基本磁化曲线和磁滞回线各有什么实际意义？
2. 什么是磁化过程的不可逆性？要得到正确的磁滞回线，应该注意什么？

5.7　温度传感器特性的研究

"温度"是一个重要的热学物理量，它不仅和我们的生活环境密切相关，在科研及生产过程中，温度的变化对实验及生产的结果也是至关重要的，所以温度传感器的应用更是十分广泛。

实验目的

1. 学习用恒电流法和直流电桥法测量热电阻；
2. 测量铂电阻和热敏电阻温度传感器的温度特性；
3. 测量电压型、电流型和 PN 结温度传感器的温度特性。

实验仪器

温度传感器温度特性实验仪。

实验原理

温度传感器是利用一些金属、半导体等材料的温度特性制成的。本实验将通过测量几种常用的温度传感器的特征物理量随温度的变化情况，来了解这些温度传感器的工作原理。

1．直流单臂电桥

直流单臂电桥（惠斯登电桥）的电路如图 5-27 所示，把四个电阻 R_1、R_2、R_3、R_t 连成一个四边形回路 ABCD，每条边称作电桥的一个"桥臂"。在四边形的一组对角接点 A、C 之间连入直流电源 E，在另一组对角接点 B、D 之间连入检流计。两点的对角线形成一条"桥路"，它的作用是将桥路两个端点电位进行比较。当 B、D 两点电位相等时，桥路中无电流通过，检流计示值为零，电桥达到平衡，指示器指零，有 $U_{AB}=U_{AD}$ 和 $U_{BC}=U_{DC}$；电桥平衡，电流 $I_g=0$，流过电阻 R_1、R_3 的电流相等，即 $I_1=I_3$，同理 $I_2 = I_{R_t}$，因此

$$\frac{R_1}{R_2} = \frac{R_3}{R_t} \Rightarrow R_t = \frac{R_2}{R_1}R_3 \qquad (5\text{-}58)$$

若 $R_1=R_2$，则有

$$R_t=R_3$$

2．恒电流法测量热电阻

恒电流法测量热电阻，电路如图 5-28 所示，电源采用恒流源，R_1 为已知数值的固定电

阻，R_t 为热电阻。U_{R_1} 为 R_1 上的电压，U_{R_t} 为 R_t 上的电压，U_{R_1} 用于监测电路的电流，当电路电流恒定时则只要测出热电阻两端电压 U_{R_t}，即可知道被测热电阻的阻值。当电路电流为 I_0，温度为 t 时，热电阻 R_t 为

$$R_t = \frac{U_{R_t}}{I_0} = \frac{R_1 U_{R_t}}{U_{R_1}} \qquad (5\text{-}59)$$

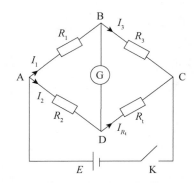

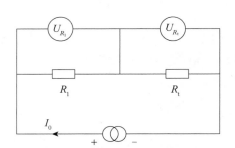

图 5-27 单臂电桥原理图   图 5-28 恒流法测量热电阻的电路

3．Pt100 铂电阻温度传感器

Pt100 铂电阻是一种利用铂金属导体电阻随温度变化的特性制成的温度传感器。铂的物理性质、化学性质都非常稳定，抗氧化能力强，复制性好，容易批量生产，而且电阻率较高。因此铂电阻大多用于工业检测中的精密测温和作为温度测量标准件。显著的缺点是高质量的铂电阻价格十分昂贵，并且温度系数偏小，由于其对磁场的敏感性，所以会受电磁场的干扰。按 IEC 标准，铂电阻的测温范围为-200～650℃。对于铂电阻，当 R_0=100Ω 时，称为 Pt100 铂电阻；R_0=10Ω 时，称为 Pt10 铂电阻。其允许的误差为：

A 级　　±(0.15℃+0.002|t|)；

B 级　　±(0.3℃+0.05|t|)。

铂电阻的阻值与温度之间的关系，当温度 t=-200～0℃之间时，其关系式为

$$R_t = R_0[1 + At + Bt^2 + C(t-100)t^3] \qquad (5\text{-}60)$$

当温度在 t=0～650℃之间时，关系式为

$$R_t = R_0(1 + At + Bt^2) \qquad (5\text{-}61)$$

式（5-60）和式（5-61）中，R_t 和 R_0 分别为铂电阻在温度 t℃、0℃时的电阻值，A、B、C 为温度系数，对于常用的工业铂电阻：

A=3.908 02×10^{-3}(℃)$^{-1}$；

B=-5.801 95×10^{-7}(℃)$^{-1}$；

C=-4.273 50×10^{-12}(℃)$^{-1}$。

在 0～100℃范围内 R_t 的表达式可近似线性，如下：

$$R_t = R_0(1 + A_1 t) \qquad (5\text{-}62)$$

式（5-62）中，A_1 为温度系数，近似为 $3.85×10^{-3}$ (℃)$^{-1}$。Pt100 铂电阻的阻值，其 0℃时，R_t=100Ω；而 100℃时，R_t=138.5Ω。

4．热敏电阻温度传感器

热敏电阻是利用半导体电阻阻值随温度变化的特性来测量温度的，按电阻值随温度升高而减小或增大，分为 NTC 型（负温度系数）、PTC 型（正温度系数）和 CTC（临界温度）。热敏电阻电阻率大、温度系数大，但其非线性大、置换性差、稳定性差，通常只适用于一般要求不高的温度测量。以上三种热敏电阻的温度特性曲线见图 5-29。

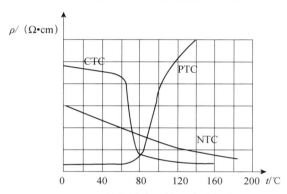

图 5-29　三种热敏电阻的温度特性曲线

在一定的温度范围内（小于 450℃），热敏电阻的电阻 R_t 与温度 T 之间有如下关系：

$$R_t = R_0 e^{B\left(\frac{1}{T} - \frac{1}{T_0}\right)} \tag{5-63}$$

式（5-63）中，R_t 是热敏电阻阻值，R_0 是温度为 $T(K)=0K$ 时的电阻值（K 为热力学温度单位，开）；B 是热敏电阻材料常数，一般情况下 B 为 $2\,000 \sim 6\,000K$。

对一定的热敏电阻而言，B 为常数，对式（5-63）两边取对数，则有

$$\ln R_t = B\left(\frac{1}{T} - \frac{1}{T_0}\right) + \ln R_0 \tag{5-64}$$

由式（5-64）可知，$\ln R_t$ 与 $1/T$ 呈线性关系，作 $\ln R_t \sim (1/T)$ 曲线，用直线拟合，由斜率可求出常数 B。

5．电压型集成温度传感器（LM35）

LM35 温度传感器，标准 T_0-92 工业封装，其准确度一般为 ±0.5℃。由于其输出为电压，且线性极好，故只要配上电压源，数字式电压表就可以构成一个精密数字测温系统。内部的激光校准系统保证了极高的准确度及一致性，且无须校准。输出电压的温度系数 $K_V=10.0mV/℃$，利用下式可计算出被测温度 $t(℃)$：

$$U_0=K_V t=(10mV/℃)t$$

即

$$t(℃)=U_0/10mV \tag{5-65}$$

LM35 温度传感器的电路符号见图 5-30，V_O 为输出端。

实验测量时只要直接测量其输出端电压 U_0，即可知待测量的温度。

6．电流型集成温度传感器（AD590）

AD590 是一种电流型集成电路温度传感器，其输出电流大小与温度成正比，它的线性

度极好，温度适用范围为-55～150℃。它具有准确度高、动态电阻大、响应速度快、线性好、使用方便等特点。AD590 是一个二端器件，电路符号如图 5-31 所示。

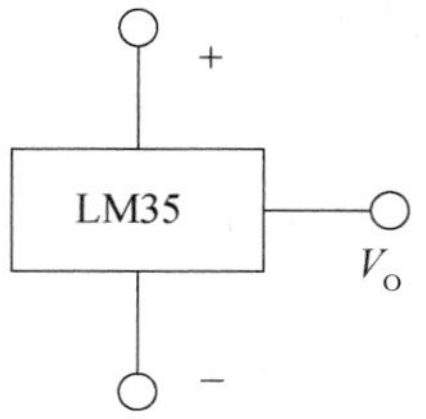

图 5-30　LM35 电路符号 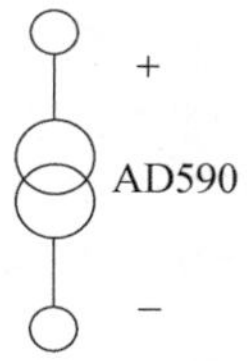　　　　　　　图 5-31　AD590 电路符号

AD590 等效于一个高阻抗的恒流源，其输出阻抗>10MΩ，能大大减小因电源电压变动而产生的测温误差。

AD590 的工作电压为+4～+30V，测温范围为-55～150℃。对应于热力学温度 T，每变化 1K，输出电流变化 1μA，其输出电流 I_0(μA)与热力学温度 T(K)严格成正比。其电流灵敏度表达式为

$$\frac{I}{T} = \frac{3k}{eR}\ln 8 \tag{5-66}$$

式（5-66）中，k、e 分别为波尔兹曼常数和电子电量，R 是内部集成化电阻。将 k/e=0.086 2mV/K，R=538Ω 代入式（5-66）中得

$$\frac{I}{T} = 1.000\mu A/K \tag{5-67}$$

在 T=0(K)时其输出为 273.15μA（AD590 有几种级别，一般准确度差异在±(3～5)μA）。因此，AD590 的输出电流 I_0 的微安数就代表着被测温度的热力学温度值（ K）。

AD590 的电流-温度（I-T）特性曲线如图 5-32 所示，其输出电流表达式为

$$I=AT+B \tag{5-68}$$

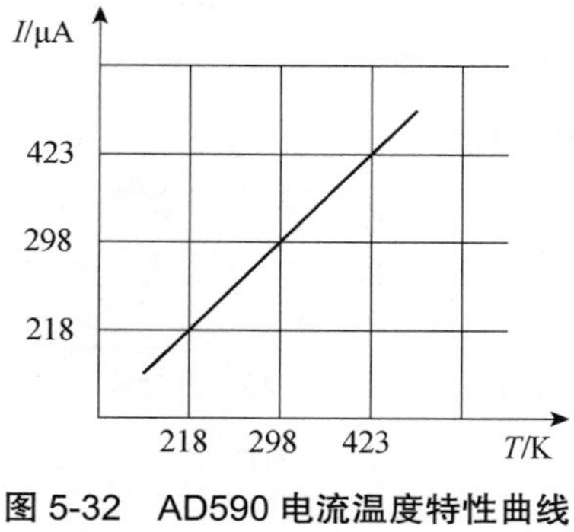

图 5-32　AD590 电流温度特性曲线

式（5-68）中，A 为灵敏度，B 为 0K 时输出电流。如需显示摄氏温标(℃)则要加温标转换电路，其关系式为

$$t=T+273.15 \tag{5-69}$$

AD590 温度传感器其准确度在整个测温范围内≤±0.5℃，线性极好。利用 AD590 的上述特性，在最简单的应用中，用一个电源、一个电阻、一个数字式电压表即可进行温度

的测量。由于 AD590 以热力学温度 K 定标，在摄氏温标应用中，应该进行℃的转换。AD590 实验测量电路如图 5-33 所示。

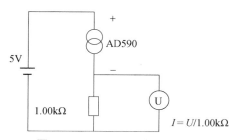

图 5-33　AD590 实验测量电路

7．PN 结温度传感器

PN 结温度传感器是利用半导体 PN 结的结电压对温度依赖性实现对温度检测的，实验证明在一定的电流通过情况下，PN 结的正向电压与温度之间有良好的线性关系。通常将硅三极管 b、c 极短路，用 b、e 极之间的 PN 结作为温度传感器测量温度。硅三极管基极和发射极间正向导通电压 V_{be} 一般约为 600mV(25℃)，且与温度成反比。线性良好，温度系数约为-2.3mV(℃)$^{-1}$，测温精度较高，测温范围达-50～150℃。缺点是一致性差，所以互换性差。

通常，PN 结组成二极管的电流 I 和电压 U 满足下式：

$$I = I_S(e^{\frac{qu}{kT}} - 1) \tag{5-70}$$

在常温条件下，且 $e^{\frac{qu}{kT}} \gg 1$ 时，式（5-70）可近似为

$$I = I_S e^{\frac{qu}{kT}} \tag{5-71}$$

式（5-70）和式（5-71）中，$q=1.602\times10^{-19}$C，为电子电量；$k=1.381\times10^{-23}$J/K，为玻尔兹曼常数；T 为热力学温度；I_S 为反向饱和电流。

在正向电流保持恒定的条件下，PN 结的正向电压 U 和温度 t 近似满足下列线性关系

$$U=Kt=U_{g0} \tag{5-72}$$

式（5-72）中，U_{g0} 为半导体材料参数，K 为 PN 结的结电压温度系数。PN 结测温电路如图 5-34 所示。

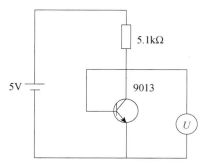

图 5-34　PN 结测温电路

实验内容

1．用直流电桥法测量 Pt100 电阻的温度特性

按图 5-35 所示接线，控温传感器 Pt100（A 级）已经装在制冷井和加热干井炉中与其井孔离中心相同半径的位置，保证其测量温度与待测元件实际温度相同。在环境温度高于摄氏零度时，先把温度传感器放入制冷井中，利用半导体制冷把温度降到 0℃，并以此温度作为起点进行测量，每隔 10℃测量一次；直到需要待测温度高于环境温度时，就把温度传感器转移到加热干井中，然后开启加热器，控温系统每隔 10℃设置一次；待控温稳定 2min 后，调整电阻箱 R_3 使输出电压为零，电桥平衡，按式（5-58）测量、计算待测 Pt100 铂电阻的阻值（R_1、R_2 为精度千分之一的精密电阻，R_3 为五盘十进制精密电阻箱），记录相关数据。

将测量数据 $R_x(\Omega)$用最小二乘法拟合，求出温度系数 A 和相关系数 r。

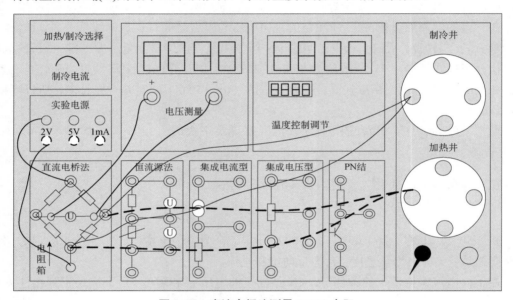

图 5-35　直流电桥法测量 Pt100 电阻

2．用恒电流法测量热敏电阻的温度特性

按图 5-36 所示接线，接通电路后，先监测 R_1 上电流是否为 1mA，即测量 U_{R_1}（U_1=1.00V，R_1=1.000kΩ）。在环境温度高于摄氏零度时，先把 MF53-1 放入制冷井，操作方法同上。控温稳定 2min 后按式（5-59）测试 MF53-1 热敏电阻的阻值，记录相关数据。

将测量数据用最小二乘法进行曲线指数回归拟合，求出温度系数 A 和相关系数 r。

3．电压型集成温度传感器（LM35）温度特性的测试

按图 5-37 所示接线，操作方法同上，待温度恒定 2min 测试传感器 LM35 的输出电压，记录相关数据。

将测量数据用最小二乘法进行曲线指数回归拟合，求出温度系数 A 和相关系数 r。

4．电流型集成温度传感器（AD590）温度特性的测试

（1）按图 5-38 所示接线，并将温度设置为 25℃（25℃时进行 PID 自适应调整，保

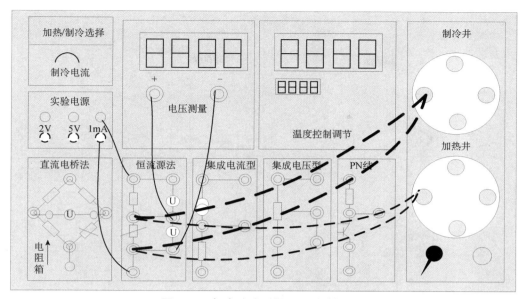

图 5-36　恒电流法测量 NTC 热敏电阻

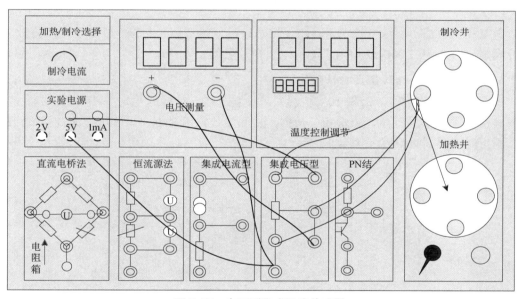

图 5-37　电压型集成温度传感器

证达 25℃±0.1℃的控温精度）。温度传感器 AD590 插入干井炉孔中，升温至 25℃，温度恒定后测试 1kΩ 电阻（精密电阻）上的电压是否为 298.15mV。

上述实验中，环境温度必须低于 25℃，AD590 输出电流定标温度为 25℃，输出电流为 298.15μA，0℃时则为 273.15μA。如果实验环境温度已经高于 25℃，则此时要把 AD590 插入制冷井中，通过半导体制冷，使待测温度达到 25℃。

（2）在环境温度高于摄氏零度时，先把温度传感器放入制冷井，将制冷井温度设置为 0℃，每隔 10℃控温系统设置一次，每次待温度稳定 2min 后，测试 1kΩ 电阻上电压。当需要温度高于环境温度时，把温度传感器转移到加热干井，操作方法同上。

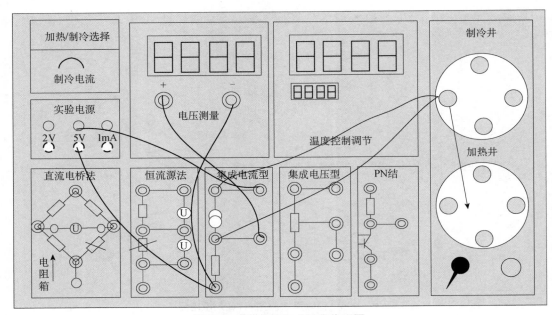

图 5-38　电流型集成温度传感器

记录相关数据，将测量数据用最小二乘法进行曲线指数回归拟合，求出温度系数 A 和相关系数 r，I 为从 $1.000\mathrm{k}\Omega$ 电阻上测得电压换算所得。

5．PN 结温度传感器温度特性的测试

按图 5-39 所示接线，每隔 $10\,^\circ\!\mathrm{C}$ 控温系统设置一次，待控温稳定 2min 后，进行 PN 结正向导通电压 U_{be} 的测量，记录相关数据。将测量数据用最小二乘法进行曲线指数回归拟合，求出温度系数 A 和相关系数 r。

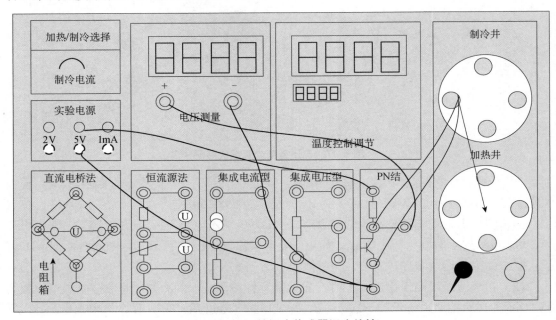

图 5-39　PN 结温度传感器温度特性

注意事项

（1）温控仪温度稳定地达到设定值所需要的时间较长，一般需要 15～20min，务必耐心等待。

（2）由于本实验内容较多，为节省实验时间，提高实验效率，可以合理安排实验步骤。例如：可以同时把四个温度传感器插入制冷井或加热干井，把电路分别接通，用仪器上的数字电压表轮流测量各待测温度传感器输出即可。

操作导引

资源 5-6：温度传感器特性的研究

资源 5-7：常用的温度传感器的类型和特点

5.8　光电式传感器特性的研究

光敏传感器是将光信号转换为电信号的传感器，也称为光电式传感器。光电式传感器可用于检测直接引起光强度变化的非电量，如光强、光照度、辐射测温、气体成分分析等；也可用来检测能转换成光量变化的其他非电量，如零件直径、表面粗糙度、位移、速度、加速度及物体形状、工作状态识别等。光敏传感器具有非接触、响应快、性能可靠等特点，因而在工业自动控制及智能机器人中得到广泛应用。

光敏传感器的物理基础是光电效应，即光敏材料的电学特性都因受到光的照射而发生变化。光电效应通常分为外光电效应和内光电效应两大类。外光电效应是指在光照射下，电子逸出物体表面的外发射的现象，也称光电发射效应，基于这种效应的光电器件有光电管、光电倍增管等。内光电效应是指入射的光强改变物质导电率的物理现象，称为光电导效应。大多数光电控制应用的传感器，如光敏电阻、光敏二极管、光敏三极管、硅光电池等都是内光电效应类传感器。当然近年来新的光敏器件不断涌现，例如，具有高速响应和放大功能的 APD 雪崩式光电二极管、半导体光敏传感器、光电闸流晶体管、光导摄像管、CCD 图像传感器等，为光电传感器的应用开创了新的一页。本实验主要是研究光敏电阻、硅光电池、光敏二极管、光敏三极管四种光敏传感器的基本特性以及光纤传感器基本特性和光纤通信基本原理。

实验目的

1. 了解光敏电阻的基本特性，测绘出它的伏安特性曲线和光照特性曲线；

2. 了解光敏二极管的基本特性，测绘出它的伏安特性和光照特性曲线；

3. 了解硅光电池的基本特性，测绘出它的伏安特性曲线和光照特性曲线；

4. 了解光敏三极管的基本特性，测绘出它的伏安特性和光照特性曲线；

5. 了解光纤传感器基本特性和光纤通信基本原理。

实验原理

1. 伏安特性

光敏传感器在一定的入射光强照度下，光敏元件的电流 I 与所加电压 U 之间的关系称为光敏器件的伏安特性。改变照度则可以得到一组伏安特性曲线，它是传感器应用设计时选择电参数的重要依据。某种光敏电阻、硅光电池、光敏二极管、光敏三极管的伏安特性曲线分别如图 5-40、图 5-41、图 5-42、图 5-43 所示。

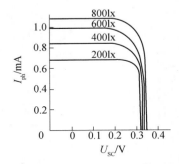

图 5-40 光敏电阻的伏安特性曲线

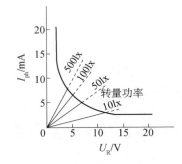

图 5-41 硅光电池的伏安特性曲线

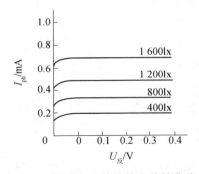

图 5-42 光敏二极管的伏安特性曲线

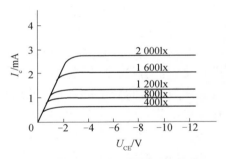

图 5-43 光敏三极管的伏安特性曲线

从上述四种光敏器件的伏安特性可以看出，光敏电阻类似一个纯电阻，其伏安特性线性良好，在一定照度下，电压越大光电流越大，但必须考虑光敏电阻的最大耗散功率，超过额定电压和最大电流都可能导致光敏电阻的永久性损坏。光敏二极管的伏安特性和光敏三极管的伏安特性类似，但光敏三极管的光电流比同类型的光敏二极管大几十倍，零偏压时，光敏二极管有光电流输出，而光敏三极管则无光电流输出。在一定光照度下硅光电池的伏安特性呈非线性。

2. 光照特性

光敏传感器的光谱灵敏度与入射光强之间的关系称为光照特性，有时光敏传感器的输出电压或电流与入射光强之间的关系也称为光照特性，它也是光敏传感器应用设计时选择参数的重要依据之一。某种光敏电阻、硅光电池、光敏二极管、光敏三极管的光照特性分别如图 5-44、图 5-45、图 5-46、图 5-47 所示。

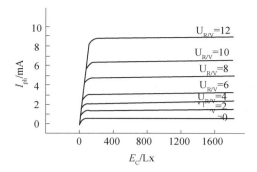

图 5-44　光敏电阻的光照特性曲线

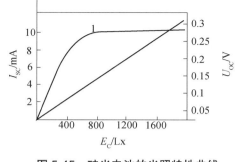

图 5-45　硅光电池的光照特性曲线

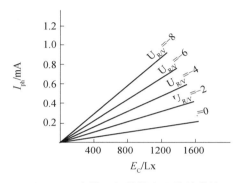

图 5-46　光敏二极管的光照特性曲线

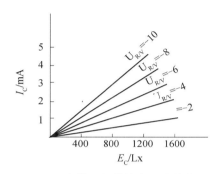

图 5-47　光敏三极管的光照特性曲线

从上述四种光敏器件的光照特性可以看出光敏电阻、光敏三极管的光照特性呈非线性，一般不适合作线性检测元件。硅光电池的开路电压也呈非线性且有饱和现象，但硅光电池的短路电流呈良好的线性，故以硅光电池作测量元件应用时，应该利用短路电流与光照度的良好线性关系。所谓短路电流是指外接负载电阻远小于硅光电池内阻时的电流，一般负载在 20 Ω 以下时，其短路电流与光照度呈良好的线性，且负载越小，线性关系越好、线性范围越宽。光敏二极管的光照特性亦呈良好线性，而光敏三极管在大电流时有饱和现象，故一般在作线性检测元件时，可选择光敏二极管而不能用光敏三极管。

实验内容

实验中对应的光照强度均为相对光强，可以通过改变点光源电压或改变点光源到光敏电阻之间的距离来调节相对光强。光源电压的调节范围为 0～12V，光源和传感器之间的距离调节有效范围为 0～200mm，实际距离为 50～250mm。

1．光敏电阻特性实验

（1）光敏电阻伏安特性测试实验。

（2）光敏电阻的光照特性测试实验。

2．硅光电池的特性实验

（1）硅光电池的伏安特性实验。

（2）硅光电池的光照度特性实验。

3. 光敏二极管的特性实验

（1）光敏二极管伏安特性实验。

（2）光敏二极管的光照度特性实验。

4. 光敏三极管特性实验

（1）光敏三极管的伏安特性实验。

（2）光敏三极管的光照度特性实验。

思考题

实验中电路图的电压表为什么采用外接法？

操作导引

资源 5-8：光电传感器特性的研究

5.9 偏振旋光实验

阿喇果（D.F.J Arago）在 1911 年发现，当线偏振光通过某些透明物质时，它的振动面将以光的传播方向为轴线旋转一定的角度，这种现象称为旋光现象，能使振动面旋转的物质称为旋光性物质。石英等晶体以及食糖溶液、酒石酸溶液等都是旋光性较强的物质。实验证明，偏振光通过旋光物质后其振动面旋转的角度决定于旋光性的物质的种类、厚度以及入射光的波长等。

实验目的

1. 理解偏振光的产生和检测方法；
2. 观察旋光现象，了解旋光物质的旋光性质；
3. 测量食糖溶液的旋光率与浓度的关系；
4. 组装旋光仪，熟悉旋光仪的原理和使用方法。

实验原理

线偏振光通过某些物质的溶液后，偏振光的振动面将旋转一定的角度，这种现象称为旋光现象，旋转的角度称为该物质的旋光度。

物质的旋光性可用图 5-48 所示的装置来研究。图中 C 是旋光物质，例如石英片。当旋光物质（糖溶液）放在与偏振化方向相正交的两个偏振片 P_1、P_2 之间时，可看到视场由原来的黑暗变为明亮。将偏振片旋转某一角度后，视场又变为黑暗。这说明偏振光透过旋光物质后仍然是偏振光，但是振动面旋转了一个角度，该旋转角等于偏振片 P_2 旋转的角度。实验结果表明，不同旋光物质可以使偏振光的振动面向不同的方向旋转。如果面对光源观测，使振动面向右（顺时针方向）旋转的物质称为右旋物质；使振动面向左旋转（反时针方向）旋转的物质称为左旋物质。

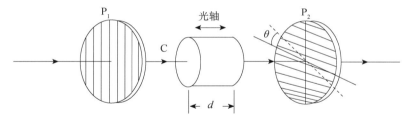

图 5-48　偏振旋光原理图

通常用旋光仪来测量物质的旋光度。溶液的旋光度与溶液中所含旋光物质的旋光能力、溶液的性质、溶液浓度、样品管长度、温度及光的波长等因素有关。当其他条件均固定时，旋光度 θ 与溶液浓度 C 呈线性关系，即

$$\theta = \beta C \tag{5-73}$$

式中，比例常数 β 与物质旋光能力、溶剂性质、样品管长度、温度及光的波长等有关，C 为溶液的浓度。

物质的旋光能力用比旋光度即旋光率来度量，旋光率用下式表示：

$$[\alpha]_\lambda^t = \frac{\theta}{l \cdot C} \tag{5-74}$$

式中，$[\alpha]_\lambda^t$ 右上角的 t 表示实验时温度（单位℃），λ 是指旋光仪采用的单色光源的波长（单位 nm），θ 为测得的旋光度（单位°），l 为样品管的长度（单位 dm），C 为溶液浓度（单位 g/100mL）。

由式（5-74）可知：偏振光的振动面是随着光在旋光物质中向前进行而逐渐旋转的，因而振动面转过的角度 θ 与透过的长度 l 成正比；振动面转过的角度 θ 不仅与透过的长度 l 成正比，而且还与溶液浓度 C 成正比。

表 5-2 给出了一些药物在温度 $t=20$℃、偏振光波长为钠光 $\lambda \approx 589.3$nm（相当于太阳光中的 D 线）时的旋光率。

表 5-2　某些药物的旋光率（单位：$(°) \cdot g^{-1} \cdot cm^3 \cdot dm^{-1}$）

品名	$[\alpha]_\lambda^{20}$	品名	$[\alpha]_\lambda^{20}$
果糖	−91.9	桂皮油	−1~+1
葡萄糖	+52.5~+53.0	蓖麻油	+50 以上
樟脑（醇溶液）	+41~+43	维生素	+21~+22
蔗糖	+65.9	氯霉素	−20~−17
山道年（醇溶液）	−175~170	薄荷脑	−50~−49

如果已知待测溶液浓度 C 和液柱长度 l，只要测出旋光度 θ 就可以计算出旋光率。如果已知液柱长度 l 为固定值，可依次改变溶液的浓度 C，就可以测得相应旋光度 θ。做旋光度 θ 与浓度的关系直线 θ-C，从直线斜率、液柱长度 l 及溶液浓度 C，可计算出该物质的旋

光率；同样，也可以测量旋光性溶液的旋光度 θ，确定溶液的浓度 C。

实验装置

偏振光旋光实验仪如图 5-49 所示。

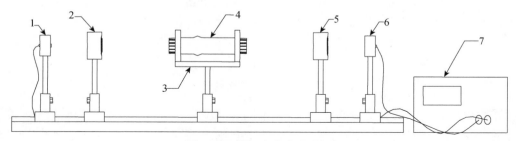

图 5-49　偏振光旋光实验仪

1—He-Ne 激光器（S）；2—起偏器及转盘 P_1；3—盛放待测液玻璃试管（R）；4—样品池（R）；5—检偏器及转盘 P_2；

6—光强探测器（硅光电池 T）；7—光功率计

　　由 He-Ne 激光器发出的部分偏振光经起偏器 P_1 后变为线偏振光，在放入待测溶液前先调整检偏器 P_2，使 P_2 与 P_1 的偏振化方向垂直，透过 P_2 的光最暗，功率计示值变最小。当放入待测溶液后，由于旋光作用，透过检偏器 P_2 的光由暗变亮，功率计示值变大。再旋转检偏器 P_2，使功率计示值重新变最小，所旋转的角度就是旋光度 θ，这样就可以求出待测液体浓度。

实验内容

1．观察光的偏振现象

　　按图 5-49 所示，在光具座上先将 He-Ne 激光器发出的激光束与起偏器、光功率计探头调节成同轴等高，调节起偏器转盘，使输出偏振光最强（He-Ne 激光器发出的光是部分偏振光）；再将检偏器放在光具座的滑块上，使检偏器与起偏器同轴等高（检偏器与起偏器平行），调节检偏器转盘使从检偏器输出的光强为零（一般调不到零，只能调到最小），此时检偏器的透光轴与起偏器的透光轴相互垂直；继续调节检偏器转盘，使从检偏器输出光强再次为 0 或者最小，分别读出这两次光强为零时检偏器转盘的读数，应该相差 180°。

2．观察葡萄糖水溶液的旋光特性

　　将样品管（内有葡萄糖溶液）放于支架上，用白纸片观察偏振光入射至样品管的光点与从样品管出射光点形状是否相同，以检验玻璃是否与激光束同轴等高。调节检偏器转盘，观察葡萄糖溶液的旋光特性，是右旋还是左旋。

3．用自己组装的旋光仪测量葡萄糖水溶液的浓度

　　将已经配置好的装有不同浓度（单位 g/100mL）的葡萄糖水溶液的样品管放到样品架上，测出不同浓度 C 下旋光度 θ 值，并同时记录测量环境温度 t 和激光波长 λ。

　　葡萄糖水溶液的浓度配制成 C_0、$C_0/2$、$C_0/4$、$C_0/8$、0（纯水，浓度为 0），共 5 种试样，浓度 C_0 取 30% 左右为宜。分别将不用浓度溶液注入相同长度的样品试管中，测量不同浓度

样品的旋光度（多次测量取平均）。

用最小二乘法对旋光度、溶液浓度进行直线拟合（可以将 C_0 作为 1 个单位考虑），计算出葡萄糖的旋光率。也可以以溶液浓度为横坐标、旋光度为纵坐标，绘出葡萄糖溶液的旋光直线，由此直线斜率代入公式（5-74）求得葡萄糖的旋光率 $[\alpha]_{650}^{20}$。

4．测未知浓度的葡萄糖溶液样品的浓度

用旋光仪测出未知浓度的葡萄糖溶液样品的旋光度，再根据旋光直线确定其浓度。

5．测量果糖溶液的旋光率

选做。

思考题

1．什么是旋光现象？物质的旋光度与哪些因素有关？物质的旋光率怎么定义？

2．如何用实验的方法确定旋光物质是左旋还是右旋？

3．为何用检偏器透过光强为零（消光）的位置来测量旋光度，而不用检偏器透过光强为最大值（P_1 和 P_2 透光轴平行）位置测量旋光度？

5.10　超声成像

超声成像实验仪通过换能器发射和接收信号，接收的电压信号送入数据采集系统，数据采集系统的另一通道采集换能器的跃变位置信息，并将数据提供给成像程序，把物体某一断层的截面图呈现出来。

实验目的

1．了解透射式超声成像的原理；

2．掌握透射式超声成像仪的测量方法；

3．以实际目标样品为例，通过实际操作进行一定的测量训练。

实验仪器

FB219A 型超声成像实验仪，圆筒形旋转储水槽，扫描运动控制器，超声换能器，数据采集系统及计算机辅助软件，USB 专用连接线，计算机等。

实验原理

利用图像重建技术，在计算机的辅助下得到一个二维的断面参数分布图像。超声 CT 系统由两个相对的超声换能器来完成超声波的发射、接收工作。换能器被安装在一个旋转架上，采集各个角度下边缘位置，实验过程中由单片机自动生成数据文件，最后由成像程序调用此数据文件生成图像，就可以得到被探测对象各断面的图像。

实验装置主要由以下部件组成。

1. 实验水槽（定标/扫描执行控制箱）

如图 5-50 所示，图中水槽中心的托盘上放置被测物体，支架上装有传动装置，通过电机的转动可带动滑杆平行移动，两个换能器固定在滑杆上，通过调节保持换能器正面相对。"发射换能器"用 Q9 同轴电缆接到超声波测试仪的传感器"输出"插座，"接收换能器"用 Q9 同轴电缆接到超声波测试仪的传感器"输入"插座，换能器的"位置参数"通过电路转换成电压信号，送入数据采集系统。

图 5-50 中各标号含义如下：

1—信号输入，定标信号输入；2—定标/扫描信号输出；3—信号放大输出；4—输入；5—输出；6—幅度调节；7—频率调节；8—定标/扫描选择；9—定标/扫描执行；10—仪器电源开关；11—旋转水槽制动器；12—接收超声换能器；13—发射超声换能器；14—转盘刻度；15—水槽底座；16—可旋转水槽；17—支架；18—被测物体；19—定标/扫描执行控制箱；20—定标刻度尺；21—发射换能器接口；22—接收换能器接口；23—定标信号输出；24—信号输出；25—定标/扫描输入；26—仪器后面板 USB 接口；27—微机 USB 接口。

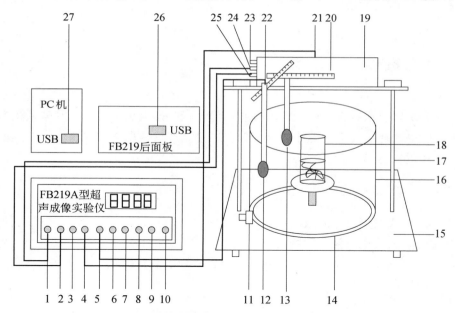

图 5-50　FB219A 型超声成像实验仪结构及接线图

2. 超声成像实验仪

超声成像实验仪是整个 CT 实验的中心，它通过发射电路以及接收电路与石英晶体换能器相连。由于晶体表面的压电效应，使它可以把机械波与振荡电路所产生的连续脉冲进行转换。在发射端，电路中的高频方波信号加在压电晶体上，由于逆压电效应，晶体表面产生相应的机械振动，带动空气或水随之振动，形成超声波；在接收端，由压电效应把机械振动波转换成电信号。因为选用了优质的换能器，保证发射的超声波的波束非常窄，方向性很好，因此其测量精度可高达毫米的数量级。仪器面板上的插座 3（信号放大输出），其内部已接通，外部无须连接，只用于调试检测用。

3．数据采集系统（安装在实验仪内）

由单片机组成的数据采集系统，实现计算机辅助软件控制下的自动数据采集。

4．计算机

超声成像实验仪通过 USB 接口与计算机连接，对计算机一般无特殊要求，只要安装 Windows98 以上系统，带有 USB 接口的计算机都能适用。实验前需要在计算机上安装一个实验用辅助软件，并在桌面上创建"快捷"图标。同时随带 USB 接口的驱动程序，以便在首次使用时帮助计算机能识别实验仪器，能实现正常通信。

5．分压电路

在实验中，我们需要换能器在电压跃变时的位置信息，这就需要把位置信息转换成可供单片机处理的电信号。我们采用一个专门的同步机构，使滑块与分压电路相连，滑块移动时，相当于滑线变阻器的滑动触点在同步移动，对应的分压比也同步变化，从而获得与位置信息相对应的电压信号。当滑杆行进过程中，信号幅度发生跃变时，单片机采集到该位置对应的电压信号，然后由定标程序将电压数值还原为位置信息。

6．放大电路（安装在实验仪内）

由于换能器接收到的信号较小，所以需要通过接口电路进行处理，将采集到的信号进行放大、整形处理，再送入仪器内部的单片机。用这种方法既可以提高单位距离的分辨率，又能提高电路的相对稳定性。

实验内容

1．位置定标

对换能器的行程位置进行定标，按软件的提示，移动换能器。在不同的位置有相应的定标电压输出，把换能器的位置量转换成相应的电压值，当实验者按提示步骤操作，完成定标后，在计算机上可观察到"定标数据拟合图"。

2．扫描

转动储水槽，使物体转动一个选定的角度（设置角度的步进值应考虑能够被 180°整除，以便可以把 180°分成整数份），移动换能器，这时对物体进行超声波扫描，来回一个循环之后，计算机获得相应的一组扫描数据。通过多次扫描获得被测物体的扫描数据文件并存储在计算机中。

3．成像

在计算机辅助软件的帮助下，对获得的存储扫描信息进行处理，把采集到的电压值转换成对应的长度量，在计算机屏幕上生成物体的断面图像。

实验内容

（1）按图 5-50 所示连接实验线路，将 FB219A 超声成像实验仪的"传感器输入"与"传感器输出"分别用 Q9 同轴电缆与两换能器插座连接；实验仪的"信号输入"插座用七芯线与"定标/扫描执行控制箱"的"信号输出"插座连接。

（2）将被测物体置于圆筒托盘上，并确保在整个实验过程中不被移动。打开超声层析成像实验仪的计算机辅助软件，屏幕上将显示如图 5-51 所示的主界面。

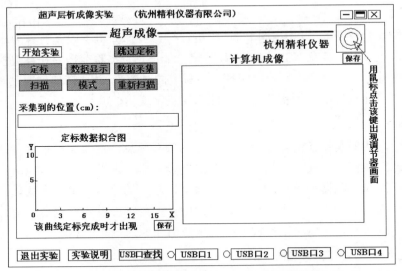

图 5-51　FB19A 型超声成像实验仪计算机辅助软件主界面

（3）如果该计算机是第一次使用该实验仪，那么需要先运行一下 USB 驱动程序，以后就不需要了。

（4）单击"USB 口查找"，屏幕上弹出一个小窗口（如图 5-52 所示），用单击"端口句柄查找"按钮，则会显示出 USB 口的序号（例如"2"）；接着用鼠标选定主界面上的相应编号的 USB 口，计算机弹出一个小窗口，提示"OK 端口正确"。

（5）把仪器面板上的"定标/扫描"选择开关往下拨到"定标"位置，单击主界面上的"开始实验"按钮，单击"定标"按钮，按菜单提示人工把标尺移到指定的定标位置 3cm 处，按仪器面板上的"定标/扫描"执行键，控制器会自动将滑杆移到指定位置处停止；单击"数据采集"按钮，单击"数据显示"，按菜单提示把滑杆移到 6cm 处；再分别把滑杆移到指定位置 6cm、9cm、12cm、15cm 处，重复以上操作步骤，直到定标完成。

（6）单击"确定"按钮完成定标，主界面上的显示如图 5-53 所示。把仪器面板上"定标/扫描"选择键往上拨到"扫描"位置，这时换能器将自动移回到扫描起点 0mm 处。

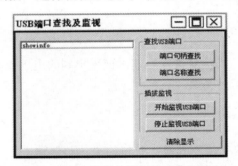

图 5-52　查找通信接口的正确位置

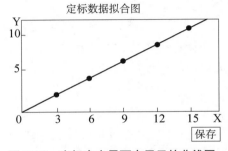

图 5-53　定标在主界面内显示的曲线图

（7）单击"扫描"按钮（或单击主界面右上角的箭头指示图标），会弹出调节器界面（见图 5-54），在"接收换能器最大值调节"中单击"开始读数"按钮。仔细调节换能器的方向，使两个换能器端面保持平行，然后调节实验仪的输出频率为 850kHz 左右（该实验仪输出频率的调节范围是 7 100～900kHz），再仔细调节超声成像实验仪的"输出幅度"旋钮，使软件读数窗口显示的电压值在 6.5～8.5V 范围，再细调频率，使这个电压值为最大。当电压值稳定 30s 后，单击"停止读数"按钮，这时候，图中将显示出低点和高点阈值，如不希望修改显示的上、下电压阈值，可接着单击图 5-54 所示界面中的"确定"按钮，图中将显示出低点和高点阈值。如果单击"默认"按钮，则低点和高点阈值分别为上次设置的数值，如 3V 和 6V。

（8）对扫描参数进行设置。单击图 5-51 所示界面中的"模式"按钮，在弹出的"模式选择"对话框中输入转盘每次转动角度值的设定值（注：设定值必须是 180°的约数，预设值越小分辨率越高，但实验时间会相应延长）。仪器显示的默认值是"30°"，如不想修改，直接单击对话框中的"确定"按钮即完成设定程序，图 5-51 所示界面中的"模式"按钮转换成"开始扫描"。

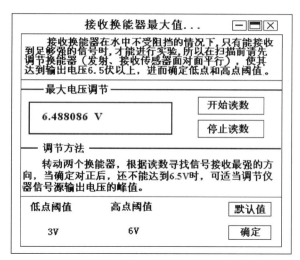

图 5-54　计算机屏幕显示的调节器界面

（9）单击图 5-51 所示界面中"开始扫描"按钮，屏幕上弹出图 5-55 所示对话框，并按提示转动转盘至指定角度。如"30°"，则单击图 5-55 所示对话框中的"开始"按钮，立即按仪器面板的"定标/扫描"执行键后，换能器会自动来回采样，等一次扫描完成，立即单击图 5-55 所示对话框中的"暂停"按钮。若采样成功则会显示"本步骤完成"，并显示 4 组采集数据。单击图 5-51 所示界面中的"确定"按钮，计算机自动将一组平均值显示在屏幕上。若数据不理想，可重新单击图 5-55 所示对话框中的"开始"按钮，其余按以上步骤操作即可。

（10）把转动角度分别调节到 60°、90°、120°、150°，重复步骤 9。如果有某一组数据在单击"确定"按钮后感觉不满意，可以通过单击"重新扫描"按钮，把原来的数据替换掉，不需要从头开始重做。若希望前一次的扫描轨迹不影响观察扫描视线，可单击图 5-55

所示对话框中"刷新"按钮清除掉前面所有轨迹线。

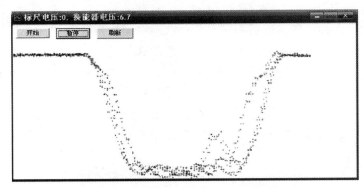

图 5-55　多次扫描与数据采集点阵

（11）接着两次单击图 5-51 所示界面中的"确定"按钮，这时候，"确定"按钮转变为"成像"按钮，再单击"成像"按钮，计算机主界面上显示如图 5-56 所示的成像图形，至此实验完成。

（12）利用右上角的"保存图像"按钮保存截面图或打印。

（13）在步骤 6 以后，任何时候想调用调节器，只需用单击图 5-51 所示界面中的右上角方框即可。

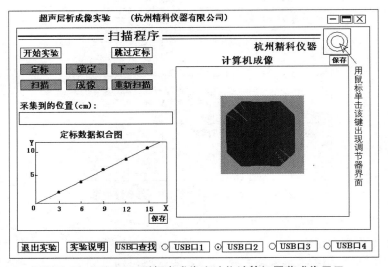

图 5-56　FB219A 型超声成像实验仪计算机屏幕成像显示

5.11　激光干涉调制通信

实验目的

1. 了解光纤光学的基本知识，学习光纤与光源耦合技术；

2. 学习测量多模光纤数值孔径的方法，分析光纤传输损耗性质；

3. 了解光纤干涉特性，掌握光纤压力传感器原理，了解光纤温度传感器的原理。

实验仪器

光纤干涉演示仪，633nm 单模光纤一根，633nm 多模光纤一根，普通通信光纤 1 盘，光纤切割刀 1 套，光功率测试仪。

实验原理

1．光纤与光源耦合方法

光纤与光源的耦合有直接耦合和经聚光器件耦合两种，聚光器件有传统的透镜和自聚焦透镜之分。自聚焦透镜的外形为"棒"形（圆柱体），所以也称之为自聚焦棒。实际上，它是折射率分布指数为 2（即抛物线型）的渐变型光纤棒的一小段。

直接耦合是使光纤直接对准光源输出的光进行"对接"耦合。这种方法的操作过程是：使用专用设备将切制好并经清洁处理的光纤端面靠近光源的发光面，并将其调整到最佳位置（光纤输出端的输出光强最大），然后固定其相对位置。这种方法简单、可靠，但必须有专用设备。如果光源输出光束的横截面面积大于纤芯的横截面面积，将引起较大的耦合损耗。

经聚光器件耦合是将光源发出的光通过聚光器件将其聚焦到光纤端面上，并调整到最佳位置（光纤输出端的输出光强最大），这种耦合方法能提高耦合效率。耦合效率 η 的计算公式为

$$\eta = \frac{P_1}{P_2} \times 100\%，\text{ 或 } \eta = -10\lg\frac{P_1}{P_2}(\text{dB}) \tag{5-75}$$

式中，P_1 为耦合光纤的光功率（近似为光纤的输出光功率），P_2 为光源输出的光功率。

2．多模光纤数值孔径的测量

数值孔径（NA）是多模光纤的一个重要参数，它表示光纤收集光的本领的大小以及与光源耦合的难易程度。光纤的 NA 值大，收集、传输能量的本领就大。光纤数值孔径的几种定义如下。

（1）最大理论数值孔径 $\text{NA}_{\max,t}$

$\text{NA}_{\max,t}$ 的数学表达式为

$$\text{NA}_{\max,t} = n_0 \cdot \sin\theta_{\max,t} = \sqrt{n_1 - n_2} \approx n_1\sqrt{2\Delta} \tag{5-76}$$

式中，$\theta_{\max,t}$ 为光纤允许的最大入射角；n_0 为周围介质的折射率，空气中为 1；n_1 和 n_2 分别为光纤纤芯中心和包层的折射率；$\Delta = \dfrac{n_1 - n_2}{n_1}$ 为相对折射率差。最大理论数值孔径 $\text{NA}_{\max,t}$ 由光纤的最大入射角的正弦值决定。

（2）远场强度有效数值孔径 NA

远场强度有效数值孔径是通过测量光纤远场强度分布确定的，它定义为光纤远场辐射图上光强下降到最大值的 5%处的半张角的正弦值。CCITT（国际电报电话咨询委员会）组织规定的数值孔径指的就是这种数值孔径 NA，推荐值为（0.18~0.24）±0.02。

3．光纤传输损耗性质

（1）光纤传输损耗的含义和表示方法

光波在光纤中传输，随着传输距离的增加，光波强度（或光功率）将逐渐减弱，这就是传输损耗。光纤的传输损耗与所传输的光波长 λ 相关，与传输距离 L 成正比。

通常，以传输损耗系数 $\alpha(\lambda)$ 表示损耗的大小。光纤的损耗系数为光波在光纤中传输单位距离所引起的损耗，常以短光纤的输出光功率 P_1 和长光纤的输出光功率 P_2 之比的对数表示，即

$$\alpha(\lambda) = \frac{1}{L} 10 \times \lg \frac{P_1}{P_2} (\text{dB/km}) \tag{5-77}$$

光纤的传输损耗是由许多因素所引起的，有光纤本身的损耗和用作传输线路时由使用条件造成的损耗。

（2）光纤传输损耗的测量方法

光纤传输损耗测量的方法有截断法、介入损耗法和背向散射法等多种测量方法。

① 截断法。这是直接利用光纤传输损耗系数的定义的测量方法，是 CCITT 组织规定的基准测试方法。在不改变输入条件下，分别测出长光纤的输出光功率和剪断后约为 2m 长的短光纤的输出光功率，按传输损耗系数 $\alpha(\lambda)$ 的表达式计算出 $\alpha(\lambda)$。这种方法测量精度最高，但它是一种"破坏性"的方法。

② 介入损耗法。介入损耗法原理上类似于截断法，只不过用带活动接头的连接线替代短光纤进行参考测量，计算在预先相互连接的注入系统和接收系统之间（参考条件）由于插入被测光纤引起的光功率损耗。显然，光功率的测量没有截断法直接，而且由于连接的损耗会给测量带来误差，因此这种方法准确度和重复性不如截断法。

③ 背向散射法。背向散射法是通过光纤中的后向散射光信号来提取光纤传输损耗的一种间接的测量方法。只需将待测光纤样品插入专门的仪器就可以获取损耗信息，不过这种专门仪器设备（光时域反射计-OTDR）价格昂贵。

4．M–Z 干涉仪的原理和用途

以光纤取代传统 M–Z（马赫-泽得尔）干涉仪的空气隙，就构成了光纤型 M–Z 干涉仪。这种干涉仪可用于制作光纤型光滤波器、光开关等多种光无源器件和传感器，在光通信、光传感领域有广泛的用途，其应用前景非常美好。

光纤型 M–Z 干涉仪实际上是由分束器构成，当相干光从光纤型分束器的输入端输入后，在分束器输出端的两根长度基本相同的单模光纤会合处产生干涉，形成干涉场。干涉场的光强分布（干涉条纹）与输出端两光纤的夹角及光程差相关。令夹角固定，那么外界因素改变的光程差直接与干涉场的光强分布（干涉条纹）相对应。

5．光纤压力传感

M–Z 干涉型传感运用双光束干涉原理。由双光束干涉的原理可知，干涉场的干涉光强为

$$I = I_0(1 + \cos \delta) \tag{5-78}$$

式中，δ 为干涉仪两臂的光程差对应的位相差，δ 等于 2π 整数倍时干涉光强为干涉场的极

大值 I_0。压力改变了干涉仪其中一臂的光程，于是改变了干涉仪两臂的光程差，即位相差，位相差的变化由按式（5-78）规律变化的光强反映出来。

6．光纤温度传感

在信息社会中，人们的一切活动都是以信息的获取和信息的交换为中心的。传感器技术是信息领域的三大技术之一，随着信息技术进入新时期，传感技术也进入了新阶段。"没有传感器技术就没有现代科学技术"的观点已被全世界所公认，因此，传感技术受到各国的重视，特别是倍受发达国家的重视，我国也将传感器技术纳入国家重点发展项目。

传感器定义：能感受规定的被测量，并按照一定规律转换成可用的输出信号的器件或装置称为传感器。

光纤传感器有两种，一种是通过传感头（调制器）感应并转换信息，光纤只作为传输线路；另一种则是光纤本身既是传感元件，又是传输介质。光纤传感器的工作原理是，被测量改变了光纤的传输参数或载波光波参数，这些参数随待测信号的变化而变化，光信号的变化反映了待测物理量的变化。

实验内容

1．光纤光学基本知识演示

（1）观察光纤基模场远场分布

取一根约 1m 长的 633nm 单模光纤，剥去其两端的涂敷层，用光纤切割刀切制光学端面，然后参照图 5-57 所示，由物镜将激光从任一端面耦合进光纤，用白屏接收光纤输出端的光斑，观察光场分布。其中，中心亮的部分对应纤芯中的模场，外围对应包层中的场分布。

图 5-57　光纤基模场远场分布实验装置图

（2）观察光纤输出的近场和远场图案

取一根普通通信光纤（单模、多模皆可），将 He-Ne 激光器的输出光束经耦合器耦合进入光纤，用白屏接收出射光斑，分别观察其近场和远场图案。

（3）观察光纤输出功率和光纤弯曲（所绕圈数及圈半径）的关系

取一根约 3m 长的普通通信光纤，将光源输出的光耦合进光纤，由 SGN-1 光能量指示仪检测光纤输出光的功率，并记录此时的功率计读数；将光纤绕于手上，改变绕的圈数和圈半径，观察并分析光纤输出功率与所绕圈数及圈半径大小的关系。

2．光纤与光源的耦合方法

（1）直接耦合

① 处理好光纤光学端面，然后按图 5-58 示意进行耦合操作；

② 计算耦合效率。

图 5-58　直接耦合原理示意图

（2）透镜耦合

① 切制处理好光纤光学端面，然后按示意图 5-59 进行耦合操作；

② 计算耦合效率；

③ 比较、评估两种耦合方法的耦合效率。

图 5-59　聚光器件耦合原理示意图

3．光纤数值孔径的测量

（1）远场光强法

远场光强法是 CCITT 组织规定的 G.651 多模光纤的基准测试方法。该方法对测试光纤样品的处理有严格要求，并且需要很昂贵的仪器设备，同时要求具有强度可调的非相干稳定光源，具有良好线性的光检测器等。

（2）远场光斑法

这种测试方法的原理本质上类似于远场光强法，只是结果的获取方法不同。虽然不是基准法，但简单易行，而且可采用相干光源。原理性实验多半采用这种方法，其测试原理如图 5-60 所示。

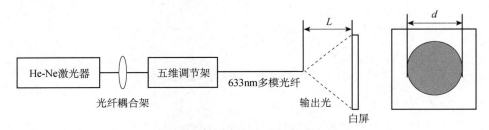

图 5-60　远场光斑法原理图

测量时，在暗室中将光纤出射远场投射到白屏上（最好贴上坐标格纸，这样更方便），测量光斑直径（或数坐标格），通过下面式子计算出数值孔径：

$$NA = kd \qquad (5-79)$$

式中，k 为一常数，可由已知数值孔径的光纤标定；d 为光纤输出端光斑的直径。例如，设光纤输出端到接收屏的距离为 50cm，k=0.01，d=20cm，立即可以计算出数值孔径为 0.20cm。

对于未知的 k，我们可以由上述的距离和光斑直径根据 $\theta = \text{arctg}(d/2L)$ 求出 θ，再由 $NA = \sin\theta$ 求出 NA 的近似值（本实验提供的多模光纤的数值孔径为（0.275±0.015）cm）。

4．测量光纤的传输损耗

本操作采用截断法做原理性的实验，如图 5-61 所示。

图 5-61　截断法测量光纤传输损耗原理示意图

5．M-Z 干涉

按图 5-62 所示仔细将光耦合进光纤分束器的输入端，此时可用光能量指示仪监测；精心调试分束器输出端两根光纤的相对位置，使其在汇合处产生干涉条纹。固定并调试好相对位置后，分析观察到的现象。

图 5-62　聚光器件耦合原理示意图

6．光纤压力传感

本实验中传感量是压力，压力改变了光波的位相，通过对位相的测量来实现对压力的测量。具体的测量技术是运用干涉测量技术把光波的相位变化转换为强度（振幅）变化，实现对压力的检测。如图 5-63 所示，操作方案采用光纤干涉仪对压力传感进行测量，利用干涉仪的一臂作参考臂，另一臂作测量臂（改变应力），配以检测显示系统就可以实现对压力传感的观测。本操作只对压力引起光波参数改变做定性的干涉图案变化的观测（变形光纤长度为 60mm）。

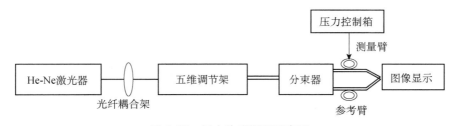

图 5-63　压力传感原理示意图

7．光纤温度传感器

本实验中传感量是温度，温度改变了光波的位相，通过对位相的测量来实现对温度的测量。具体的测量技术是，运用干涉测量技术把光波的相位变化转换为强度（振幅）变化，实现对温度的检测。如图 5-64 所示，用光纤 M-Z 型干涉仪对温度传感进行测量，利用干涉仪的一臂作参考臂，另一臂作测量臂（改变温度），配以检测显示系统就可以实现对温度传感的观测。本操作只对温度引起光波参数改变做定性的干涉图案的变化观测（受温变化光纤长度为 360mm）。

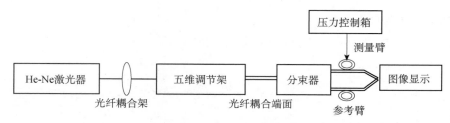

图 5-64   温度传感原理示意图

思考题

1. 光纤传输系统哪几个环节会造成光信号的衰减？
2. 光传输系统中如何合理选择光源与探测器？
3. 如果纤芯的中心和包层的中心不同心，这样的光纤有什么不好？
4. 如何防止光纤通信的泄密？

5.12   声光效应实验

超声波在液体介质中传播时，将引起液体介质的弹性应变，从而引起介质折射率的变化，声压的周期性变化决定了折射率的变化具有时间和空间上的周期性。当光束通过有超声波的介质后，尤如通过一个相位光栅，如果该光栅间隔适当的小，就会与正常光栅一样观察到衍射现象，正如 1922 年布里渊（Brillouin. L）曾预言液体中的高频声波能使可见光产生衍射效应一样，10 年后被证实。1935 年拉曼（Raman. C. V）和奈斯（Nath）发现，在一定条件下声光效应的衍射光强分布类似于普通光栅的衍射，这种声光效应称作拉曼-奈斯声光衍射。这就是声光效应的典型实例，本实验利用该物理现象，进行液体介质中的声速测量。

实验目的

1. 了解声光效应的产生机理；
2. 掌握利用声光效应测量液体中声速的方法。

实验原理

1. 声光效应与声场光栅的形成

当超声波以纵波的形式在介质中传播时，其声压使质点密度呈现周期性疏密相间的分布，成为疏密波。由于光的折射率与质点的分布密度有关，因此折射率也周期性的变化。如图 5-65 为某一瞬间 t 时刻的折射率分布情况，显示出介质中形成了不同折射率的间隔层。公式表示如下：

$$n(x,t) = n_0 + \Delta n \sin(\omega t - kx) \tag{5-80}$$

式中，n_0 是介质原固有折射率，Δn 是 n 的变化幅度，ω_s 为超声波的圆频率，$k = \left(\dfrac{2\pi}{\lambda}\right)$ 为其波矢。

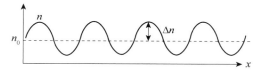

图 5-65　某一瞬间 t 时刻的折射率分布情况

众所周知，当超声波在传播过程中如果被反射面阻挡产生反射波时，在适当的距离上就能获得纵向振动的驻波。由于驻波的振幅可以达到单一行波的两倍，因而更加剧了介质层疏密变化的程度，形成驻波声场。当驻波形成时波线上各点都作同频率但不同振幅的谐振动，振幅最大处称之为波腹，振幅最小处称之为波节，相邻波节或波腹的间距均为 $\lambda/2$。

由原理可知波节两侧的波段振动方向位相永远相反，设一波节点，某时刻波节两侧质点涌向该点形成密集区，而在半个周期后质点又左右散开形成稀疏区。因此，在振动过程中相邻节点光密与光疏交替排列，每隔半个周期交替变化，而同一时刻相邻波节附近的密集与疏稀正好相反，见图 5-66。显见液体密度的空间变化间距正好为超声波的波长，用 Λ 表示。

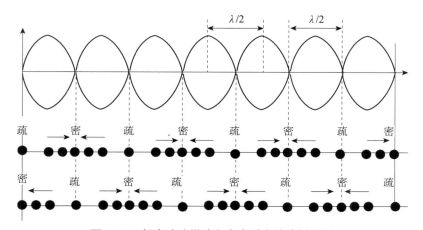

图 5-66　超声波（纵波）在介质中的传播过程

当光线垂直于超声波传播方向透过超声场后，由于入射光的波速是声波的 10^5 倍，这些变化被忽略，因此介质在空间的分布可以认为是静止的。在光通过介质层时只有光速发生变化从而引起相位变化，而光的振幅不变，从而使平面的光波波阵面变成褶皱波阵面。因此当光束通过有超声驻波场的介质时，就会产生光栅效应，介质密的地方形成阻光层，光疏处形成透光层，声场光栅就此形成，见图 5-67。

2．超声光栅

当频率较高的超声波（即 Λ 较小）与光栅作用时，光通过超声区域时产生了与正常光栅一样的衍射现象。经研究表明，超声波的频率很高时（$f \geqslant 100\text{MHz}$），而超声水槽的厚度

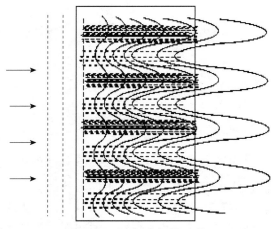

图 5-67　声场光栅的形成

L 较长，满足 $2\pi\lambda L \gg \Lambda^2$ 条件，属于布拉格衍射，超声水槽类似一个体光栅；当 L 不是很长，超声波的频率也不是很高（10MHz 左右），满足 $2\pi\lambda L \ll \Lambda^2$，属于拉曼-乃斯衍射，是位相光栅，常称为超声光栅。

对于拉曼-乃斯衍射，其衍射规律与平行光通过平面透射光栅产生的衍射相似，符合以下所示的光栅方程：

$$\Lambda\sin\theta = k\lambda, \ k = 0, \pm1, \pm2, \cdots \tag{5-81}$$

3．声场光栅与超声光栅的观察及声速测量

（1）声场光栅

声场光栅就是超声波波阵面轮廓成像，由于光波波阵面变成褶皱波阵面，透光的能力随褶皱波阵面产生周期性的变化，其图形是明暗相间等间距的分布条纹，是超声波对光振幅调制的结果。其图像如图 5-68 所示，实验装置如图 5-69 所示。为了方便实验操作，超声波的频率选择在 800kHz。由实验原理分析可以知道该条纹的间距就是超声波之波长。还可从驻波形成的公式来分析，当 $D = n\dfrac{\Lambda}{2}$ 时入射波与反射波形成驻波，如果 D 为确定值时，可以调节信号源在声光介质中形成不同频率的驻波振动，Λ 的大小与 n 值有关。所以实验中可以改变信号发生器输出频率，就能观察到多次形成的条纹图像，当然条纹的间距宽度会发生变化。

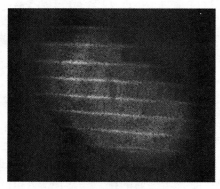

图 5-68　超声光栅图像

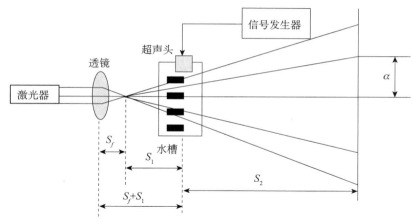

图 5-69　超声光栅实验装置图

利用该现象可以测量光在液体介质中的声速。如果相邻两条纹之间的距离为 α，可以利用相似三角形的原理得到

$$\Lambda = \frac{2\alpha S_1}{S_1 + S_2} \tag{5-82}$$

如果 f 为超声波的频率，从而可以得到液体中声速为

$$C = \Lambda f = \frac{2\alpha S_1}{S_1 + S_2} f \tag{5-83}$$

也可从驻波形成的原理来进行测量，如果 D 为确定值的时候，在 $D = n\dfrac{\Lambda}{2}$ 时入射波与反射波形成驻波，调节频率可以在声光介质中形成不同的驻波振动，f 的大小与 n 值有关。当激光束以垂直声场的方向入射时，在超声频率响应带宽 Δf 范围内，调节 f 的大小，根据公式 $D = n\dfrac{\Lambda}{2}$ 可以找到多个形成条纹图像时相对应的 f 值，因此可以通过光栅图像形成点来判断 n 值的变化。因 $\Lambda = \dfrac{C}{f}$，则 $f = \dfrac{nC}{2D}$，对该公式取微分有

$$\mathrm{d}f = \mathrm{d}n\frac{C}{2D} \tag{5-84}$$

如果令 $\mathrm{d}n = 1$，则

$$\mathrm{d}f = \frac{C}{2D} \quad 或 \quad C = 2D\Delta f \tag{5-85}$$

式中，Δf 为相邻两次出现光栅图像的频率间隔。如果能测量出 D 的长度，再通过频率计读出精确测量 Δf 的大小，进而求出声速。

（2）超声光栅衍射

在上述实验的基础上，把超声波的频率提高到 10MHz 以上，这时采用图 5-70 所示的实验方案就可以观察到衍射图像。这属于拉曼-乃斯衍射，根据式（5-81），由于角度 θ 很小，实验中如能测量出屏与水槽之间的距离 S_2，以及 0 级到 k 级条纹的间距 T，由式（5-81）得

$$\Lambda = \frac{k\lambda}{\sin\theta} \tag{5-86}$$

因为当角度 θ 很小的时候，可以近似地利用 $\sin\theta \approx \tan\theta = \dfrac{T}{S_2}$ 得出 $\Lambda = \dfrac{k\lambda S_2}{T}$。如果知道声波频率 f，则声速

$$C = \Lambda f = \frac{k\lambda S_2}{T} f \qquad (5\text{-}87)$$

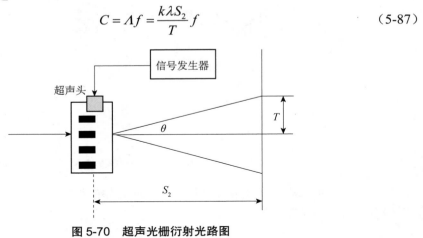

图 5-70　超声光栅衍射光路图

实验内容

1．声场光栅测声速

选择 800kHz 低频超声头，仪器按图 5-69 设置。

（1）将玻璃容器中盛有水液体，将超声波探头微微浸入液体上表面几毫米深处，并且使探头平行于玻璃容器底部。利用一焦距 f=20mm 的凸透镜将入射激光束散射，其与玻璃容器的中心距离定为 170mm 左右，玻璃容器中心与投射屏之间的距离为 500mm。打开激光器，根据激光束方向，仔细调节使其三者同轴等高。控制室内的光线，打开超声波发生器，仔细观察水槽，可以看到在超声头作用下的水波涟，通过调节振幅及频率，直到屏幕上光栅投影图案最为清晰。

（2）条纹 α 的测量可以按图 5-71 所示，并用公式 $\alpha = \dfrac{S}{N-1}$ 来测量和计算，其中 N 是条纹数，S 是 N 条纹的间隔长度。实验中也可测出光屏上各条纹的位置 D_n，用逐差法求出 α 的平均值。

（3）S_1、S_2 可以直接从光具座上读出。用式（5-82）和式（5-83）求出声速。改变透镜到屏的位置，再次测量屏上的条纹的间隔长度 α，自拟表格记录数据。

图 5-71　条纹 α 的测量

（4）利用式（5-83）计算出液体中的声速，并测量出水的温度 t，按照声波在水中传播速度的经验公式加以修正得声速的理论值：

$$C = 1\ 557 - 0.024\ 5 \times (74 - t^2)\text{m/s}$$

求出速度的理论值并与实验值对比求出相对误差。

2．超声光栅

选择 10MHz 的超声头，仪器设置如图 5-70 所示。

（1）操作与声场光栅实验类同，此处略。

（2）测量 0 级与 K 级衍射条纹的间距 T，记录有关数据。

（3）利用式（5-87）计算出液体中的声速，并测量出水的温度 t，按照声波在水中传播速度的经验公式加以修正得声速的理论值：

$$C = 1\ 557 - 0.024\ 5 \times (74 - t^2)\text{m/s}$$

求出速度理论值后并与实验值对比求出相对误差。

思考题

1. 本实验如何保证平行光束垂直于声波的方向？

2. 驻波波节之间距离为半个波长 $\dfrac{\lambda}{2}$，为什么超声光栅的光栅常数等于超声波的波长 λ？

参考文献

［1］张三慧. 大学基础物理学. 北京：清华大学出版社，2003.

［2］上海交通大学物理教研室. 大学物理学. 上海：上海交通大学出版社，2006.

［3］马文蔚. 物理学教程. 北京：高等教育出版社，2002.

［4］程守洙，江之泳. 普通物理学. 北京：高等教育出版社，1998.

［5］渊小春. 大学物理. 上海：同济大学出版社，2014.

［6］龚振雄. 漫话物理实验方法. 北京：科学出版社，1991.

［7］潘永祥，王锦光. 物理学简史. 武汉：湖北教育出版社，2007.

［8］中国科技大学普物实验室. 大学物理实验. 合肥：中国科技大学出版社，1996.

［9］林抒，龚振雄. 普通物理实验. 北京：人民教育出版社，1981.

［10］丁慎训，等. 物理实验教程. 北京：清华大学出版社，1992.

［11］贾玉润，等. 大学物理实验. 上海：复旦大学出版社，1987.

［12］空军工程大学，海军航空工程学院. 物理实验. 北京：国防工业出版社，1991.